我们终将遇见爱与孤独

华语世界深具影响力个人成长作家

张德芬 著

© 中南博集天卷文化传媒有限公司。本书版权受法律保护。未经权利人许可，任何人不得以任何方式使用本书包括正文、插图、封面、版式等任何部分内容，违者将受到法律制裁。

图书在版编目（CIP）数据

我们终将遇见爱与孤独 / 张德芬著. -- 长沙：湖南文艺出版社，2022.7
ISBN 978-7-5726-0705-9

Ⅰ.①我… Ⅱ.①张… Ⅲ.①人生哲学—通俗读物 Ⅳ.① B821-49

中国版本图书馆 CIP 数据核字（2022）第 081342 号

上架建议：心灵成长 · 励志

WOMEN ZHONG JIANG YUJIAN AI YU GUDU
我们终将遇见爱与孤独

著　　者：张德芬
出 版 人：曾赛丰
责任编辑：刘雪琳
监　　制：邢越超
策划编辑：李彩萍
特约编辑：汪　璐　张春萌
营销支持：霍　静
封面设计：利　锐
版式设计：李　洁
封面插画：银栗子（小红书）
内文插画：银栗子　视觉中国
出　　版：湖南文艺出版社
　　　　　（长沙市雨花区东二环一段 508 号 邮编：410014）
网　　址：www.hnwy.net
印　　刷：天津联城印刷有限公司
经　　销：新华书店
开　　本：835mm×1270mm　1/32
字　　数：170 千字
印　　张：8
版　　次：2022 年 7 月第 1 版
印　　次：2022 年 7 月第 1 次印刷
书　　号：ISBN 978-7-5726-0705-9
定　　价：58.00 元

若有质量问题，请致电质量监督电话：010-59096394
团购电话：010-59320018

和自己成为朋友，
别逃避自己的痛苦。
请把幸福的选择权放在自己手中，
遇见幸福的自己。

做我以往不敢做的事，
最终过我想过的生活。

自 序 一

我们终将遇见爱与孤独

这本我非常喜爱的书,记录了我人生困顿痛苦的一个时期,其中的感悟都是字字血汗、泪迹斑斑的。从 2018 年出版到现在(2022 年),又过了 4 年的时光。为了写再版序,今天我拿起这本书,一下就翻到了《不要对人过度付出》这一篇,这是一个打脸的时刻,因为我去年又经历了一次"付出太多却得不到回报"的事情。我回顾了一下自己为何会"明知故犯",对一个工作上的伙伴掏心掏肺地给予,希望我们磨合得来。我当时一直相信,只要我有足够的诚意,真诚地对待她,给予她很多好处,她就会认真地做她该做的工作,态度也会变好。"明知故犯"的原因是:我有一个"做好人"的需求(想把关系处好,而不是简单粗暴地炒她鱿鱼)。我还有一个严重的盲点,那就是相信对方说的,而不看她实际的行为和真正的性格。我以为对方是她自己所谓的"修行人",愿意去面

对关系磨合引出来的自己身上的一些问题，诚实地去反省，并且改进，就像我会做的那样。结果不是，我所有的努力都是肉包子打狗，有去无回。而我还有一个很大的误区，那就是认为她适合做这份工作——这也不是她的错，我应该更早看出来，狠心让她离开。最后，我自己在失望和伤心中结束了这段关系，并且嘲笑自己死性不改、过于执着。

无论你现在执着于什么样的关系，你到底有没有看清楚对方适不适合？他究竟是什么样的人？你是否因为"太想要"遮蔽了自己的双眼，降低了自己的智商，让自己的理智失衡，在一段关系中卡住了？

最近我的朋友小丽也分享了她的血泪经验。她刁钻难搞的作女母亲和她温文尔雅、知书达理的父亲，从她小时候起就合不来，时常吵架。后来她搬到国外，母亲在老家，和唯一的妹妹也闹翻了。她为母亲是操碎了心，不但每周定时从国外致电问候，寄各种必需品、营养品、好用的东西给母亲，而且因为母亲常常抱怨没有钱而提供金钱。但是每次在电话里，母亲都没好话，尖酸刻薄地讽刺她，抱怨人生，不满一切。最后，母亲终于孤单地走了。她赶回老家，收拾母亲的遗物，这才发现，母亲其实有一大笔存款，还把很多金币藏在一个几乎不会被人找到的角落。她是因为要出售母亲的住处才发现的，然而母亲生前完全没有交代过这些（母亲都九十好几了），所以母亲就是一个非常自私自利、没有安全感、不懂得爱、从来不为女儿着想的人。母亲的离世让她幡然醒悟，她之前掏心掏肺、殚精竭虑地顾念母亲，丝毫没有感动对方，也没有让对方对她有任何的理解、慈爱，因为对方就是这样的人，给不出来爱，你怎么努力、付出都没有用。

很巧的是,她有一个和母亲非常相似的婆婆。她对待婆婆和对母亲一样,真诚付出,有求必应,讨好巴结。母亲过世后,她停止了讨好婆婆,不再每周打电话嘘寒问暖了。她觉得够了。结果婆婆那里感觉到了,开始猜测:小丽怎么了?是生气了吗?是不是小丽妈妈过世的时候,我们没有给钱,她不高兴了?小丽告诉我,婆婆永远不会这么想:小丽是不是太伤心了?她是不是生病了?她对小丽没有一丝一毫的关怀,只是在负面猜测和自己有关的事情。她更加认清了:想要对方改变,真的是不可能的事情。她费尽了心力,求的是什么?不过是长辈的一点点认可、温暖和关爱,却那么难。小丽放弃了挣扎和努力,不再讨好巴结婆婆。因为不需要把能量放在婆婆、母亲身上了,她开始放飞自我,参加各种活动,学习外国语言,把自己的日子过得美滋滋的,心头的重担放下来,轻盈自在地过自己的生活。

所以,不是每一段关系都一定能处好。更重要的是,别人不会因为你的作为而改变自己,只会因为他们自己理解了,有意愿了,才做出改变。除非走在觉醒、修行的道路上,否则大部分人都是被内建的自动化程序控制的,很难朝某个特定的方向改变。即使像我这样日日打坐、修行、反观、省思自己,也不免会在同一个坑里一摔再摔。原因就是:我内心的"想要"会蒙住我的双眼,让我看不到真相。

对我们来说,如果周遭的人讲道理、好商量、好相处,那就一点问题都没有。万一我们总是"怨憎会"(像我,就总是碰到以自我为中心、吝于付出的人），那就要学习修改自己的内在编程，而不是去试图改变对方。我要学习的是真正看清楚对方是什么样的人，而不要挥霍自己的欲望、单纯（其实是懒得动脑筋去理解和分析）和慈悲（是的，有的时候真的是心太软），一再给别人机会利用我们、伤害我们。其实，真相是：没有人能够伤害我们，我们是被自己不切实际的幻想、期盼和欲望伤害的。

我在这本书里面分享了很多做人做事的智慧，虽然我自己有时候还是会跌入坑中，但是书中的大部分经验我都已经学到了、实践了。当然，也许还会有别的考验，当即打我的脸，那个时候，我必须再回来看看自己写的书。说到这里，我又把书翻了一下，确认自己所言非虚，并再一次发现，这本书真的内容丰富精彩，而且的确是我一步一个脚印地跨过艰难险阻之后所写下的"行路指南"。希望再版之后，这本书仍然能够用它朴实但闪耀的智慧，帮到在人生路上苦苦挣扎的朋友们。愿你们能够借由这本书的指引，走出迷津，不再恍惚度日，回到内心，一天比一天更加清醒地认识到：唯有自己成长了，强大了，才经得起人生考验的风浪，任何避风港都不是百分之百靠谱的，最靠谱的就是我们自己的内在力量——那份与当下和平共处的勇气和智慧。

盼如愿！

2022年春，杭州

自 序 二

亲爱的，希望你少吃一点我吃过的苦

我的新书终于出版了。

三年前，我有一双儿女相伴，有一个知心的亲密伴侣。后来，儿子去美国上大学，我和爱人分手，女儿又去上大学，单身加空巢，对一个中年女人来说，无论如何都是一道不好过的关。

但是，我走过来了。

这一路的心得，就在你今天看到的这本书里。

要说书中有没有什么惊人的领悟，倒也没有，我只是把《遇见未知的自己》里面的一些观念，更加深入地去体会、剖析、理解，以及——最重要的——活出。

最大的领悟，来自亲眼看见——我们的信念如何改变了我们的现实世界。

人是非常擅长自圆其说的，我们总是在逃避，而不是去面对自己不想看见的真相，直到宇宙安排一些情境，强迫我们去看见、去承认"亲爱的，外面没有别人"，这才安心臣服。

在我婚变、恢复单身的事情上，我没有隐瞒，在各种文章、演讲和采访里面坦诚相告。如我所料，大部分读者都还是赞赏我的真诚和勇气的。一开始，单身加空巢的确让我非常不好过。有一段时间，我每天早上不想下床，夜晚常常抱着自己痛哭入睡。突如其来的考验，让我措手不及，无法回到自己的中心，所有心灵成长的东西，在那个阶段几乎帮不上忙。

因为，老天就是要让我扎扎实实地摔个大跤，没有依靠，摔得爬不起来，好让我直面自己隐藏了多年的、内心深处最隐秘幽微的痛苦。直面痛苦是迟早要做的功课——一个人没有感情依靠地生活，对我来说，是不熟悉的，也是最害怕面对的。当我面对它的时候，那种被燃烧、被一点一点啃噬的最痛楚的感受，简直让人连想死的心都有了。但是，无路可逃，缴械投降，让它一点一点地燃烧我、吞噬我之后，一只重生的凤凰逐渐成形。我开始意识到一个人也能圆满，只要能感受到自己的内在本自具足的圆满。

撇开自己爱恨情仇的小女人心事，我最在意的，是读者能不能跟着我一起成长，过上更好的生活。我始终没有忘记自己的初衷，多年来一如既往地这样做：只要碰到好老师、好书、好法门，有了最新的心得、体悟、见证，就立刻热情地和大家分享，希望能帮到一些有缘人。

我把自己在面对各种人生挑战时所做的自我探索和检讨，都写在这本书里了，希望可以引起一些同路人的共鸣，帮助大家少吃一点我吃过的苦。但是，路还是要自己走，没有人可以拉着你，我们只能相伴而行。

感恩这条路上有你。

我的新书，希望你会喜欢，也希望对你的人生旅程有所帮助。

谢谢！

2017 年年底，北京

上 篇

我们终将遇见爱与孤独

CHAPTER 1
人生没有白吃的苦

亲爱的，世上没人可以陪你走一辈子 /004

如果找不到依靠，就请你一定学会和孤独好好相处 /004

我们生命中的大部分痛苦都来自精神 /006

有时候，我们是为了苦而苦 /008

直面自己内心的黑暗，未来就能一步步走向光明 /010

你我的内心都有黑白两面 /010

接受自己的"坏"，才能变得更好 /012

只有放弃证明自己是"有用"的，你才是自由的 /015

对付自己，永远比对付外面的人容易 /016

请别把幸福的权利放在别人的手中 /018

没有人能够因你而改变 /018

抑郁来来去去，始终是我的朋友 /020

你那么在意别人的想法，最终受苦的是自己 /024

太在乎别人的想法，你就会受苦 /024

越是想要去隐瞒什么，别人越会猜疑 /026

内心安宁，来自对自己各种情绪的全盘接纳 /027

感恩那些挫败的过往 /029

你最看重的关系可能就是你的命门 /029

一切都是因为"太在乎" /031

是什么在为你的人生导航 /034

CHAPTER 2
你失去的任何东西，都会以另一种形式回来

请别陷入内心的"匮乏感"不能自拔 /038

我们是否陷入了内心的"匮乏感"怪圈 /038

如何突破"不想要的生活"模式 /040

做我以往不敢做的事，最终过我想过的生活 /042

一切都会变好 /045

相信一切都会变好，你就不会损失什么 /045

不走出你的舒适区，你将会处于危险之中 /047

一个人欠缺什么，就要给出去什么 /049

别人永远都无法给你公正的评判和对待 /053

亲爱的，别再受潜意识的操纵了 / 056

为什么我们常常会做一些莫名其妙的事——唤醒自己 /056
你在别人身上看到的东西，你自己都有 /057
你随意评判别人的话，都会回到你自己身上 /058

生命中遇到的一切，都是来帮助你成长的 /061

生命中的难题，反映了旧时的记忆和创伤 /061
自己有坏情绪，不要去找替死鬼 /063

放下，要从放下面子开始 / 066

你所要的，真的是你想要的吗 / 069

随时检视对自己有害的思维模式、信念体系和行为模式 / 072

CHAPTER 3
内心比红颜更久远

女人最应该呵护的是"精神颜值" /076

教养，是女人一生最大的财富 /079

没有教养，祸延三代 /080

真正的教养，是父母垂范出来的 /081

做内心强大的小女人 /085

如何打破自己的男性能量惯性沟通方式 /085

如何发挥自己内在的女性特质 /087

最美不过女人味 /089

像水一样，无坚不摧，但顺势而流 /089

真实、自然、不造作 /090

可以做狠事，但不能说狠话 /092

善良的你，如何让对方不设防 /096

设身处地理解对方的感受就好 /096

对自己和对方绝对诚实 /097

有内涵的人一定吃过苦，但吃过苦的人不一定有内涵 /100

中篇

爱得刚刚好

CHAPTER 4
爱之慧

请别把存在感和安全感都刷在你爱的人身上 /108

亲密关系是人生最好的修行道场 /110

真爱如何测量 /113

爱一个人，如何知道他的人品底线 /113
真正的爱，就是不以负面情绪回应所有的人、事、物 /115

亲密关系的撒手锏 /117

不要以控制对方的行为来取悦自己 /117
尊重彼此的界限 /118

有拯救者情结的女人会遇到什么样的男人 /121

爱一个人很深，其实跟对方无关 /124

如何爱自己 /126

倾听身体的声音 /127

呵护内在的情绪 /128

学会觉察自己的不良思维模式 /129

CHAPTER 5
爱之术

把一切交给时间去决定 /132

不要在争执最激烈的时候做任何决定 /132

在亲密关系中，通往地狱的道路是由期待铺成的 /134

要远离那些"对外人好，对家人差"的人 /137

灵魂伴侣，越完美越危险 /139

"灵魂伴侣"的概念，其实很危险 /139

不要相信所谓的灵魂伴侣 /141

不要对人过度付出 /142

把自己想要的说出来 /145

真正想要某样东西,没有要不到的 /145
因为不敢要,所以对方不知道 /147

可以被宠,但别让自己被宠坏 /149

亲密关系中被宠爱的一方,容易退化成孩童模式 /149
在亲密关系中,永远不要吃定对方 /151

没犯错就不能分手吗 /153

没有情伤是走不出去的 /156

找下家!没有人是不可替代的 /157
赶紧学会他要教你的功课 /158
要有走出情伤的强烈意愿 /158

下 篇

亲爱的孩子，
快乐是我最想教给你的事

CHAPTER 6
放下心中的各种执念，不过度期望和要求

父母过好自己的人生，孩子就没问题 /164

把你自己修炼好，孩子就没问题了 /164
不要借由母亲的身份，将你的负面情绪投射在孩子身上 /165
放下你的"故事"，不要把孩子当成"投射板" /168

父母最爱放在孩子身上的东西：恐惧、匮乏 /170

放下对孩子的过度期望，孩子才能真正成长 /173

CHAPTER 7
给孩子们的信

没有人可以让你生气，除非你同意 /176

有智慧的人，始终会给别人"第二次机会" /179

该发生的都会发生，不会因为你的干涉而改变 /183

不要去掌控别人 /188

其实，你真的没有自己想象的那么重要 /192

和这个世界相处，最重要的快乐处方就是不要有期待 /196

跟"好人"相处，不代表你就会安全或幸福 /200

有趣的人，会吸引有趣的关系 /204

你可以不做一个好人，但要忠于你自己 /208

亲爱的孩子，快乐是我最想教给你的事 /211

新 增 篇

有情趣、有格调的女人，都会做这三件事 /216

高段位的"作"是怎样的 /217

三个方法，学会"适当地'作'" /219

为什么有些女人偏偏喜欢已婚男 /222

最完美的婚姻，始于爱情，陷于陪伴，终于亲情和友情 /228

最美的爱情，却不能拥有 /228

用爱情取悦自己 /230

爱情，很脆弱 /231

爱情，太不确定 /233

上 篇

我们终将
遇见爱与孤独

亲爱的，世上没人可以陪你走一辈子

Chapter 1

人生没有白吃的苦

人生没有白吃的苦……

无论你现在有什么痛苦和烦恼,都是因为你"太在乎"……

直面自己内心的黑暗,未来就能一步步走向光明。

亲爱的，
世上没人可以陪你走一辈子

世界上只有一种真正的英雄主义，那就是在认清生命的真相后，依然热爱生活。

——罗曼·罗兰

如果找不到依靠，
就请你一定学会和孤独好好相处

人生究竟是怎么一回事？这是很多人都想探究的问题。其实，任何诚实、勇敢地去检视人生的人都会发现：

人生的尽头是一场无可避免的悲剧——我们终将老去、死去，花了一辈子去争取和建构的东西，最终一样都带不走。

很多抑郁的人知道了这个真相，但他们没有寻求更有智慧的人的协助，而是卡在一个地方出不来，于是选择不再继续玩下去。这不是勇者的人生。

罗曼·罗兰说过：世界上只有一种真正的英雄主义，那就是在认清生命的真相后，依然热爱生活。

然而，生活值得我们热爱吗？其实，大多数人的生活是非常受限的——受限于亲情、爱情、孩子、金钱、时间、面子、体力……几乎没有一个生活没有压力或是困难的人。富人有钱苦，穷人没钱也苦；有孩子有烦恼，没孩子也有烦恼；有伴侣有烦恼，没伴侣也很苦恼。总之，人生的不如意，仿佛永无休止。

也有人说，我们要在这个薄情的世界里深情地活着。

但是，如何活呢？

在人生路上走的每一步，如果孤独感出现了，你能不能跟它好好地在一起？确实，大部分人都不喜欢孤独，更不想去感受自己的孤独。可是，在这个世界上，我们每个人真的就是一个个孤独的个体。因为你所有的感受只能自己体会，而且这一生的路，没有谁可以陪你从头走到尾。

但是，我们一直都在忽略这个事实，一直不愿意去接受，要靠外在的工作、爱人、父母、孩子等，来消除自己的孤独感。

有些人很快乐，这里靠不到，就去那里靠，到处找依靠。但是，如果方法用尽了，到处都找不到依靠的话，我们就必须回到自己的内在，学会跟自己的孤独相处。

我向来觉得，内心有创伤的人才会主动去寻求解脱的法门。而每个人的一生，都有很多貌似过不去的坎、痛，如果你已经受够了，再也不想过这样的生活，再也不想受这样的苦，那就要找一个终极解决方案。

我们生命中的大部分痛苦都来自精神

我曾经在网络上看到这样一个笑话：

传说，2012年12月21日是世界末日。有一个人说："那太好了，我把所有的钱都花了，然后把老婆打一顿，把老板打一顿。"结果22日早上起来，他的世界末日真的来临了——钱都花完了，老婆被打跑了，老板也把他炒鱿鱼了。

这类人执着于自己的痛苦，所以想趁着世界末日来临的时候，恶狠狠地出一口气，没想到后果还是要自己承担。

有很多读者跟我说自己有很多痛苦，老公怎么样，婆婆怎么样，孩子怎么样，工作怎么样，老板怎么样……

每个人都有很多苦。可是，如果你真的感觉活得那么痛苦，为什么还要抓着痛苦不放？你真的hold（掌控）不住了，那就把它放下呀！为什么明明知道苦，却还是放不下呢？

后来我边修行边观察，发现我们很多人都想要在这个世界中感

受到自己,想要确定自己的存在。

其实,我们生命中的大部分痛苦都来自精神。比如,你的爱人离开你了或者背叛你了,你会很痛苦。为什么你一直放不下对方,让自己痛苦这么久?理智上,我们都知道对方根本不值得我们这样——既然你不爱我,我干吗要爱你,还让自己活得这么苦?道理很简单,可为什么就是放不下?因为我们不甘心,觉得痛苦可以让我们在精神上有一个依托,让我们觉得有一个目标去为之奋战,觉得这种生活是有挑战的。其实，这些都是错觉。痛苦是一种习惯，而我们只是在不知不觉地顺着自己的习惯生活。

有时候，我们是为了苦而苦

当我们觉得痛苦在身却摆脱不了的时候，可以去看一看，究竟是什么在让我们痛苦。

跟大家分享一下我最近经历和观察到的事情，也是我现在正在做的功课。我发现，很多时候，我们是为了苦而苦。

我给大家推荐过《当下的力量》这本书。有一次，这本书的作者劝告一位抱怨婚姻不幸的女性："你的丈夫这样对你，你那么恨他，那你为什么不能放下呢？你只要放下他对你做过的事，你就能够快乐……"刚开始，这位女性若有所思，但听到最后，她突然大声说："原谅他以后，我该干吗呢？原谅他以后，我能拥有什么呢？不跟他叫阵的话，那我是谁呢？"

其实，想想自己生命中遭遇的那些困境，我们是否也会常常有意无意地跟它们较劲呢？

我们来看一个字——觉察的"觉"，上面是"学"字的上半部分，下面是见到的"见"。学会看见，就叫作"觉"，你才能觉悟、觉察。

常常有人来找我询问关于心理和生活的问题，其实我觉得最好的解决办法是：真的学会看见自己的问题在哪里，纠结的点在哪里，那你就能做到"觉"了。而且这种"觉"的能力，你一旦掌握了，别人就永远拿不走。

直面自己内心的黑暗，
未来就能一步步走向光明

> 当你直面自己的"坏"，当你把内心的一切摊开，你内心的阴暗面就会开始软化，甚至会变成光明面的一部分。

你我的内心都有黑白两面

每个人的内心都有黑白两面：我们都愿意看到白色的那一面，都希望去彰显它，因为它能给我们的人生带来辉煌，让我们更加得意，等等；而人性中黑色的阴暗面会给我们的人生带来问题，我们总是不愿意去承认，总是在逃避。

要想活出全新的自己，最好的办法就是学会接受自己内心的阴暗面。只有这样，我们的人生才会真正开始改变。

我在情感上不够独立，一直靠在亲密关系中不断地抓取来填补自己内在的空虚，从19岁开始谈第一个男朋友，中间几乎没有空窗期。我总以为，有一个男人在身边，才能逃避人生的孤独。

我内心深处总觉得自己还是一个小女人，所以在潜意识里总想依附一个强大的男人。对内心"情感不够独立"的这个阴暗部分，我不愿意承认，更不想去面对，就把过多的注意力和精力都放在亲密关系上面，去较真，去作，后来就作毁了。

对大多数人来说，直接面对、接受、包容自己内心的阴暗部分是很难做到的。我也是在被感情逼上了绝路以后，经过一段时间，才慢慢开始愿意直视自己的内心的。但在这之前，我就不这么想，这有点像对感情上瘾了，一旦遇到一个很喜欢的人，我就抓住不放，跟他纠缠，放不开他，觉得跟他共享人生、相互依存的感觉很好，稍有不如意，我就会认为他做得不对、做得不好……

可当我一个人沉静下来的时候，才觉察到那时的我根本没有为自己的情绪和行为负责——因为别人没有义务包容我的情绪和行为，人必须学会为自己负全责。

接受自己的"坏"，
才能变得更好

  小时候，每当我做错事，母亲就会用非常厌烦和鄙夷的眼神看着我，骂我，让我感觉自己是个"坏女孩"（所以孩子做错事的时候，我们要告诉他们，是你做的事情不好，而不是你不好）。

  我从小就有自慰的习惯，当时什么都不懂，只是隐隐约约地觉得这不是一件"圣洁"的事情，所以非常自责和羞愧。后来，我看了一些资料，才知道对婴幼儿来说，这其实是很正常的行为。

  小时候，我有过几次被人性骚扰的经历，这引发了我对"性"的罪恶感和羞耻心，更让我觉得自己肮脏丑恶。

  长大以后，带着这样的心理，为了"赎罪"，我很努力地要求自己做一个"好女人"——好妈妈、好女儿、好妻子、好朋友，要求自己面面俱到，搞好每一段关系。

  讽刺的是，我爱上了另一个男人，最终舍弃了自己先前的婚姻。前夫骂我是婊子，我成为不折不扣的"坏女人"。对于不能给孩子一个完整的家，我有着深深的罪恶感；对于父母和公婆的失望，我感到非常愧疚，无法原谅自己；面对周围的朋友，我也无法原谅自己的"恶行"。

  在人生的那个黑暗时期，我必须去倾听自己内在一直抗拒的"我是一个坏女人"的声音。处在这种人生的低谷,我的内心充满了对自己的怀疑、批判和否定——我是个坏女人,我做了很不好的事情,没有尽到做妈妈的责任,婚姻也破裂了,引得我父母伤心,等等。

所有我原本想做好的事情,都搞砸了;所有我原本想扮演好的角色,都失败了。

那一阵子,我简直羞惭到了无地自容的地步,甚至想死的心都有了。我几乎断绝了与朋友的来往,封锁自己,不在外活动。

我本来想做个圣女,结果却闯下了滔天大祸,自己都不知道该怎么解释。

经过几年的磨难,我最终接受了自己"坏"的事实,放弃了做一个好女人的努力。正因为如此,我自由了。

当你直面自己的"坏",当你把内心的一切摊开,你内心的阴暗面就会开始软化,甚至会变成光明面的一部分。

只要这么做,你就会充满力量,因为这样做了以后,你的内耗就变少了。

在一生中,我们不知花了多少时间在内耗、内斗上。从前,我在内心批判自己,觉得自己是一个坏女人,但表面上我还要努力去扮演一个好女人的角色。如果有人说我是坏女人,我还会跟他急。但当我能够舒舒服服地做自己的时候,我就放下了批判,接纳了自己本来的样子:我并不是那么完美,我也不用特别辛苦地去扮演一个角色给别人看。

我只是个女人而已，何必非要坚持做好女人？顺随我善良天真的自然本性，我本来就应该流露出女人最好的一面，不必刻意去表现、去强求。而且，越是用力地想要去做好，就越是做不好，这似乎已经成为一种生命的定律了。

只有放弃证明自己是"有用"的,
你才是自由的

从我的例子来看,一个人越是用力地去追求什么,越是努力地去证明什么,人生反而越会变成自己最不想要的样子。

很多人终其一生都在追求"有用""有为"的感受,但越是这样,越容易感觉自己无用。那么,解药是什么?

其实就是去接纳自己"无用"的感受。

亲爱的,每当你觉得自己没有用、很差劲的时候,你什么都不要做,就在那个当下好好地去感受这种你最害怕的"无用"的感觉。也许你会恐慌,也许你会想要立刻做些什么去证明自己有用,然而此时什么都别去做,老老实实地承认自己的确有"没用""没有价值"的地方,然后尝试着去接纳自己的这个部分。

每当觉得自己不好甚至很坏的时候,就去接受那种屈辱、挫败、羞耻的感觉。你要承认自己的确有些地方没做好,不是个多么好的人,不要去否定事实,而是要去接受它。当我们这样停留在当下,不闪躲地接受自己最不想感受到的情绪时,我们就穿越了自身的深渊里最黑暗的部分。而人生的惊喜和礼物,以及我们最期盼的亮光,就在这黑暗深渊的底部。

只有放弃证明自己是"有用"的,你才是自由的。那些曾经被用来努力证明自己的能量都被释放出来，你才可以按照自己真正的喜好去做事情，过生活。巨大的能量一旦得到释放，就会造就你真正想要的生活，而不是成为自己"躲避无用，证明有用"的模式的牺牲品，这种模式不会让你真正感到快乐。

跳舞，像没有人在看一样。

唱歌，像没有人在听一样。

因为，我们跳舞和歌唱，是为了取悦自己，自我享受，不是为了吸引别人的眼光。不为别人的目光而生活，才是真正的生活。

爱自己！做自己！

对付自己，永远比对付外面的人容易

在我的身边，有不少功成名就、已经获得大家认可的人，可他们还是不由自主地向外去比较。

比如我认识的一个朋友，有时候我跟他讲一首曲子蛮好听的，人家评论也蛮好的，他就说："这你也相信？"我如果说："你看，这个人照的相蛮好看的。"他就会立刻回应："哎呀，我认识一个比这个照得更好的。"

总之，无论你跟他说什么，他都要否认，认为自己知道得更多、更好。他就是要通过这样的比较，去获得优越感、成就感，以及别人的赞赏和认同。

其实何必这样呢？经常这样做的人，内在一定有自己不肯承认的阴暗部分，才会这么费劲地在外面跟人家抗衡。

如果一个人不能接纳自己内心的阴暗部分的话，他就会跟世界为敌。因为老是遮遮掩掩的，实际上就是在内耗，所以要不断地去抓取外在的东西来遮盖自己内在的阴暗部分。

人要是愿意承认自己的恐惧、无价值感，以及自己的贪心、欲望，能够很诚实地去面对自己的内心的话，是可以节省很多能量的。只有这样，你才能在自己想要表现、想要发展的某些方面，活出真正的自己、更好的自己。

亲爱的，我们要明白：对付自己，永远比对付外面的人容易。

请别把幸福的权利放在别人的手中

想一想,我们是不是常常在干一件蠢事——口口声声说要幸福,却始终把自己幸福的权利放在别人的手中?

没有人能够因你而改变

很多人可能会觉得,如果想要更开心,就必须买更多的名牌包包,要更有钱、更漂亮、更有名,还要有更好的老公或老婆,要所有人都喜欢自己,等等。其实,想要让自己过得更开心,唯一的办法绝对不是向外去抓取,而是为自己生命中发生的所有问题负起责任来——刚开始可能会很痛,也有可能会受不了,比如你会觉得:我父母那个德行,怎么会是我的错呢?为什么要我负责呢?我的小孩这么不听话，怎么会怪到我头上呢？……

当然，你不必为他们的行为负责，但你必须为他们的行为给你造成的"感受"负责。

譬如说，有些人看自己的父母不顺眼，看自己的小孩也不顺眼，其实是因为对他们有期望、有要求，希望他们改变，而期待没被满足，所以心中就对他们产生了不满。事实上，如果我们仔细去想，就会发现这些期待是出于我们自己的需求，与他们无关。

人们常常为了满足自己的需求，理直气壮地去要求身边的人改变。但最终你会发现，没有人能够因你而改变。改变一个人，真的比登天还难。

我们真的没有资格说：我看谁不顺眼，我就想改变他。我们唯一能做的就是——比方说我有一个爱人，如果我实在受不了他的一些恶习，而且绝对没有办法去改变他的话，那我可以跟他分开。但是父母、儿女这些断不了的血缘关系，我怎么跟他们分开？分开不了，那就只能改变自己对他们的看法和对待他们的态度了。

我们常常说，父母做的某些事情让我们感到心寒，或者父母根本不关心我们，等等，其实是因为我们从来就没有接受过他们的本来面目：他们现在是怎样的人，以后还会是怎样的。你不能说给她套上一个"你是我妈"的帽子，她就必须爱你，为你着想，她就不能老跟你要钱——小时候她没好好对待你，现在还一天到晚地跟你谈钱，你就想对她说"你这是什么母亲嘛"。

你之所以会对母亲的行为有所不满，是因为你对她有期待：你希望她是一个什么样的母亲，你需要她给你什么东西……如果什么期待都没有的话，你不会觉得她有什么错，你们之间不会有问题。

问题是，我们对很多人都有一定的期望，总觉得如果他们能怎样怎样，我们才能够快乐、安心、舒服，这就是把自己的喜怒哀乐放在了别人的手中，没有为自己负责，老想去改变别人。

想一想，我们是不是常常在干一件蠢事——口口声声说要幸福，却始终把自己幸福的权利放在别人的手中？

抑郁来来去去，始终是我的朋友

什么是抑郁？抑郁其实只是一种情绪、一种能量，它会来，就会走，最重要的是不要为自己贴上"抑郁"的标签，从此撕不下来。

我也常常有抑郁的情绪，它来来去去的，始终是我的朋友。我知道自己一辈子都无法摆脱抑郁，所以只能接纳这个朋友。

亲爱的，一定要注意，别在脑袋里给自己下定义，坦然接受抑郁的来来去去就好了。当抑郁的情绪来临时，你的脑袋会编造种种受害者的故事，要小心，别陷进去。因为你在受害者牢笼里待得越久，就越不快乐。如果此刻你的心情不好，我可以打赌，你一定已经开

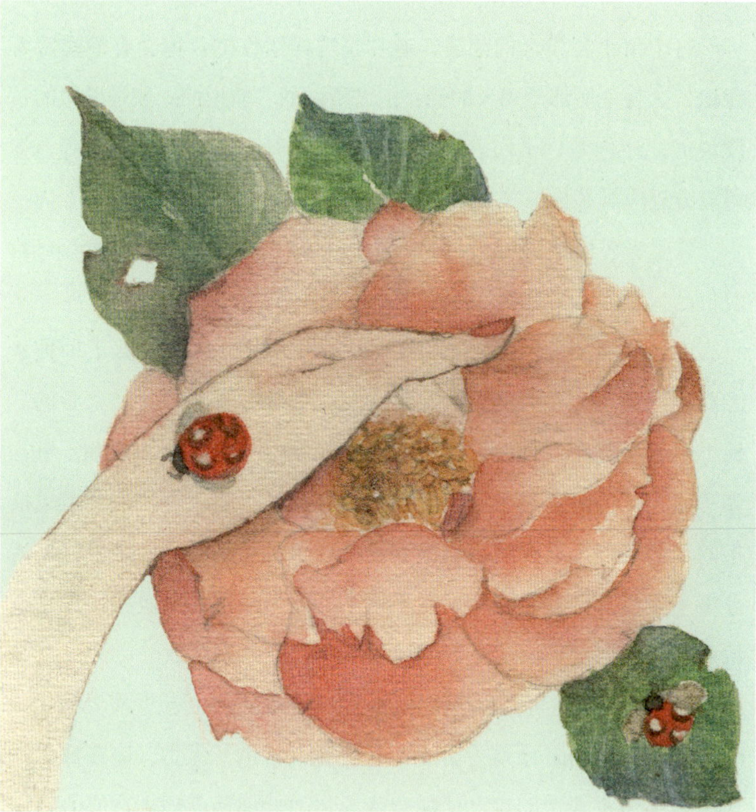

始在这个牢笼中打转了。

我们生命中的种种问题，几乎都是把自己囚禁在受害者牢笼里引起的。

这个由小我设计的陷阱，通常是这样运作的：你会有种受害者意识，认为一切都是别人的错，别人所做的、所说的，或是没做的、没说的，让你受到了伤害（在这里面，你有个理直气壮的期待，觉得对方理应满足你的需求）。

有受害者情结的人，最容易自怨、自怜。即使知道这样做对事情、对自己、对他人一点帮助都没有，他也不愿意停止。

许多抑郁的人认为自己是受害者，自己很无助，受困于种种恶劣的生活环境和他人的行为。然而，一个受害者是没有谦卑心的。他不愿意承受生活中的种种状况所带来的麻烦、痛苦、羞辱和不堪，无法以柔软的心接纳生命的安排。所以，他会将"不快乐"当成抗拒的工具，以为这样就可以改变自己讨厌的生活环境。结果，生活环境不但没有改变，反而变得更糟了，因为他把焦点放在让自己不快乐的事物上，反而扩大了它们的影响力。

所以，要想让自己活得快乐，最重要的就是要走出受害者模式。一个人一旦认为自己是受害者，就会变得无助、无力，停在那里，无法做任何事来帮助自己。你会认为你的抑郁是其他人造成的，还会觉得自己很脆弱，什么事都不能做。即使要你去慢跑或者只是出去走走，你也不愿意，因为你有抑郁症。

我常常收到这样的信:"帮帮我,救救我,我陷入抑郁了。帮帮我,救救我,我真的很痛苦。帮帮我,救救我,我实在饱受煎熬……"

其实,这些痛苦,都是你给自己的独家配方。痛苦在你身上,别人怎么可能救得了你、帮得了你?没有人可以带走你的痛苦,只有你可以为自己负责。如果真的想走出抑郁和受害者模式,你首先要承认抑郁带给你的额外好处,你以它为借口逃避了责任或博取了同情、关注,可以不工作、不努力。

你是否想走出抑郁的牢笼,也就是说,你是否想走出受害者模式,这才是最重要的。

事实上,要想摆脱抑郁很简单,就看你愿不愿意。或许你会觉得抑郁给了你一种神秘、古怪而又熟悉的舒适感——许多人觉得抑郁的状态很舒服,因为那就是他们想要的生活,他们在潜意识里可能并不想要过快乐且充满活力的日子,谁知道呢?

如果你真的想摆脱抑郁,这个过程就会变得很容易。比如,你可以去做一些需要耗费体力的事,特别是园艺等接近大地的工作,再比如去慢跑,流流汗,喘喘气……

另一个建议就是设定闹钟,一小时响一次,每当闹钟响起时,你就开始对生命中的某件事物表达感恩之情。比如感谢母亲,感谢她生养了你,或者感谢天气不冷也不热……如此对事物表达感恩之情,你就会慢慢发现,这样做将改变你的精神状态。

你那么在意别人的想法，
最终受苦的是自己

很多时候，我们都是因为太在乎别人的想法而受苦……这样不但消耗了大量能量在外表的装模作样上，更是给自己的生活造成了很多不便。

太在乎别人的想法，你就会受苦

我发现，很多时候，我们都是因为太在乎别人的想法而受苦。这是一种思维模式，也是一种情绪习惯。

别人的脑袋里面想的是什么，你永远无法了解清楚。有人对着你皱眉，并不表示他不喜欢你。有人看到你不打招呼，可能他没戴眼镜，或者只是沉溺在自己的世界中，根本没注意到你。有人看到你时脸色不好，可能因为他正肚子痛。

但是，我们自己内在的"伤口"会对号入座，如果感到不被爱、不受重视、被批判，就会判定对方的言行是"针对我的"。我做错了什么吗？上次见到他的时候，我的行为举止有不妥之处吗？还是他听别的朋友说了什么？各种猜疑，回肠九转，不作不死。

我有时喜欢玩微博，因为上面的网友们非常可爱。同样一件事情，我发出去，大家的反应却是天差地远：有人称赞，有人骂，有人会留下与你发的内容完全无关的评论。如果要对别人的留言做出反应，那一路看下来你就会又哭又笑、又悲又喜，像不像一个疯子？

记得我婚姻出状况的时候，我最怕伤害到亲爱的家人，其次就是担心舆论。当时，我羞愧难当。有一次去上一个老师的课，和一名读者配对做个案，由于是亲密关系课程，必须暴露真实的状况，于是我小心翼翼、有点为难地说出了自己的情形，心里忐忑她会做何反应——她会震惊吗？她会失望吗？她会批判我吗？她会告诉别人吗？她会看不起我吗？还是会因同情我的遭遇而安慰我？

没有，都没有。

听我面色凝重地陈述完之后，她愣了一下，紧接着问："那你还会继续写书吗？"

哦！是的，她是我的读者，喜欢我的书。她关心的是我还会不会提供她在乎的、想要的东西。至于我的婚姻状况，无所谓，真的与她无关。这件事情让我有点错愕，当然，在当时对我也是极大的抚慰：原来别人并不像我想象的那么在意我。

越是想要去隐瞒什么，别人越会猜疑

经历了婚姻失败的打击之后，我感觉自己变得越来越真实。因为我发现，越是想要去隐瞒什么，故意去做什么，别人反而越会评论、猜疑。你理直气壮、若无其事地过好自己的生活，流言蜚语真的会比较少，即使有也无法影响到你。这是一种能量的交互作用，非常微妙，但也非常准。

俗话说"岂能尽如人意，但求无愧我心"，我们都是自己有愧才会招来别人的飞短流长。

为什么在意别人怎么说？一定是因为对自己的言行有"不安妥"的感觉，内心早就有自我批判，给人家的批评留了余地。

我女儿就不太在意别人的看法，有点我行我素的味道，所以一般来说，她的情绪比较稳定，不会患得患失、东想西想的。我儿子就不同了，他爸爸随便批评一句，他就一定要辩驳，而且会非常生气。我常常告诉他，你跟爸爸见面的时间不多，他喜欢教训你，你不想听，就把耳朵关上，享受和他在一起的感觉就好。

我知道，儿子缺乏安全感，所以希望得到他爸爸的抚慰和认同。

但是他爸爸始终没有看清这一点，每次和他在一起，就会忍不住开始说教，因为他爸爸心里也有很强烈的不安全感，觉得儿子的行为如果出现了偏差，会影响到自己，而且别人会认为是他爸爸的错。

喜欢说教的人，通常也是用"说教"来获取重要性和价值感。没有自我觉知的人，他们是无法觉察并且停止这种行为的。而且这种事情是这样的：越是在乎，就越会做出这样的行为。

我女儿和她爸爸在一起时，她爸爸说什么，她就表面应付一下（其实她的耳朵和心对他几乎是关闭的），因此她爸爸会觉得无趣，不想说什么了。但是儿子不同，儿子在乎，有反应，而且会和他爸爸争辩、抗衡，这样对方的兴趣就更大了。

如果能够清楚地意识到这一点，我们就能在想要断绝一些令人厌烦的牵缠关系时，利用这一点来主动结束了。

内心安宁，
来自对自己各种情绪的全盘接纳

我有一个朋友，他非常在意人家的说法、看法，几乎是为了面子而活的。这样不但消耗了大量能量在外表的装模作样上，更是给自己的生活造成了很多不便。

可他无法意识到这一点，因为内心又脆弱、又自卑，充满了自我憎恨和鄙视，所以不得不向外投射，认为别人都瞧不起他，需要格外努力去获得认同。一旦不能获得认同，或是别人稍微说他一点不是，他就会愤恨不已，把对自己的憎恨全部抛向对方，造成人际关系的冲突。

先有内在的平和，才能不在乎外面的风风雨雨和波浪。虽然内在的平和绝大多数是天生的，但是随着年龄增长、阅历增加，通过自我觉察、静坐冥想等方式，也可以提高平和的程度。然而我觉得，真正的内心安宁来自对自己的全盘接纳，对自己的想法、情绪都能有所觉知并且接纳。

那些内心很不平静的人，有些是太过在乎自己的感觉了。一感觉不好，就马上想要摆脱，甚至立刻责怪、怨恨那些让他感觉不好的人、事、物。感觉很好时，就自我陶醉，而且恨不得时间永远停留在那一刻。

不过分看重自己的感觉，和自己的感觉拉开距离，承受、接纳各种各样的情绪的造访，可能是很多人当下最需要修习的重要功课。

感恩那些挫败的过往

亲爱的，无论你现在有什么痛苦和烦恼，都是因为你"太在乎"……所以，你必须不断地去观照自己的内在，看看究竟发生了什么事情，是什么在为你的人生导航。

你最看重的关系可能就是你的命门

有一次，我与一个常常在朋友圈里晒恩爱的朋友聊天，他跟我说自己的亲密关系有多好多好，我就问他："你这么挑剔的人，怎么会跟你夫人相处了20多年都还那么好？"

他说："对呀，我这么多年从来没跟她吵过架，就连拌嘴都很少，她做什么我都觉得挺对的。"

接着他说："德芬，也许真的像你所说的，每个人都有自己的命门。除了亲密关系，事业、亲子关系等都不是你的命门。但对我来说，亲密关系一直处得很好，所以不是我的命门。"

为什么说亲密关系是我的命门？大约是因为我人生中的大部分关系，比如事业、父母、孩子、朋友等，都处理得很好，这可能是我运气好。但就是在亲密关系上，我一直遭受挫败。

我是那种爱起来连命都可以不要的女人，特别重视亲密关系，认为它就是决定我一生幸福的东西。为了它，名和利我都可以丢掉。所以，我的亲密关系总是容易出现问题。

人生所有的关系，只有当你过度重视它的时候，它才会成为你的命门。

在生活中，我们每个人的命门都不一样。那么，我们应该怎么看待、善护念我们的命门呢？命门是我们的死门，但同时是我们的生门。我觉得，我们应该时时刻刻注意自己的潜意识中那些负面的东西。

很多人一生都陷在所谓的命门中，拔不出来。但我想告诉你：所谓的命门，一定是两面的，不是进去就绝对出不来的。

人的一生，难免会遇到自以为过不去的坎，那么怎么绝处逢生呢？这是我们要终身修习的功课。

幸福从哪里开始？就从我们的命门开始。我们要做的是即使陷入困境，也能随时随地自救。

现在，我很感恩那些挫败的过往。因为如果不是在亲密关系上遭受挫败的话,我现在还不知道自己会高傲到什么地步,不知道自己会自以为是地飞到哪里去,我可能根本不会遇到那么多未知的自己,也活不出自己想要展现的深度。

一切都是因为"太在乎"

回溯自己的生命,我曾经用各式各样的东西刷过存在感:学历、事业、金钱、相貌、友情、父母、孩子、亲密关系等。但越是那些我不怎么在意的东西,越能自己发展得很好;我投注最多心力的,反而一塌糊涂。

我的工作几乎一直是非常顺利的,只在刚念完MBA(工商管理硕士),积极地想挣钱的时候(30岁左右)被工作困扰过。当时我想多赚钱,让父母和自己过上更好的生活,但也隐隐约约地知道,钱对我来说,并不是人生的一个难关。后来,我暂时放下对金钱的追逐,事业反而比较顺利了。1997年,我成为中国最早的培训顾问之一,挣了一些钱,后来去了新加坡的一家大公司,发展也不错。

和父母的关系也是。从前,母亲的一些负能量常常影响我。她的刻薄、挑剔、对人的不信任,以及对世界的恐惧,还有对我永无止境的批评,曾让我沉陷在心碎难熬的人生困境中。后来我仍旧对她百般好,却也努力坚持做我自己,慢慢地,她变得理解我了。

我们终将遇见爱与孤独

当我越不在意的时候，我跟那些与我有关的事件和人的关系反而渐渐变得和谐了。我在成长的过程中，不断地放下对父母的需要（心理上的），降低对他们的期望值，我父亲有一次甚至抱怨："自从你去搞什么心灵成长，就越来越不爱爸爸了。"

我笑着回答："是啊，我对你的爱，已经不是那种希望你赞赏我、肯定我、时时关注我的爱，而是正常的、轻松的、不给双方带来负担的爱的能量的自然流动。"

慢慢地，他也习惯了，放松了对我的依赖和控制……

总的来说，在我能力范围之内，我做到了一个孝顺女儿的极致。

孩子也曾经是我的烦恼重头戏。小时候，我母亲对我严加管教，所以现在我尽量不去用高压的方式操控我的孩子们。但是我关心他们的健康，规定他们不可以吃这个喝那个，对他们的生活起居也要求比较严格，他们到了十几岁才拥有自己的电子用品。不过后来我也放手了，因为太累了，实在管不住。他们长大了，有了自己的生活方式和想法，我不能像个警察一样天天在后面盯着他们。

他们的一些行为（早恋，让狗上床，大冬天穿得很少出门……）一再挑战我忍耐的极限，可我咬着牙，一点一点地放下了，因为我学习到：很多事情不是你能掌控的，真正的掌控者是命运，它会决定他们以什么样的方式生活、做事、为人，直到有一天他们的意识被启发，想要把命运抓在自己手里，那个时候，我对他们说的一些正知正见，还有我自己的身教，就能发挥作用了。在那之前，我的很多强力干预只会造成他们的反感和叛逆,没有一点好处。

然后,我的亲密关系的功课开始了。那是一段不堪回首的感情,我检讨自己的错误,归根结底是因为:太在乎,有太多期待,而且把对方当作我内心黑洞的麻醉药。表面上看,我做了所有的努力,实际上所有的努力都在毁坏这段我人生中最珍惜的情缘。

一言以蔽之:亲爱的,无论你现在有什么痛苦和烦恼,都是因为你"太在乎"。

放松下来,找到自己的中心,分散自己的注意力,把自己的知识、见解拉高一点,多和有智慧、有人生阅历的人聊天,带着一颗敞开的心,学习他们的经验和洞见。当然,这一切都是要经过一番痛定思痛的,然后你才会愿意把责怪外面的人、事、物的习惯改掉,开始思考你对自己的困境、烦恼、痛苦"贡献"了什么。

是什么在为你的人生导航

我有个朋友在台湾最有名的一家企业工作,她每年仅股票分红就有上千万元人民币,她的老公也很有钱。他们买了很多房子,老公想要退休,她却一直不让,总觉得钱不够用。

其实在我看来,她的钱已经很够用了,可她为什么还是没有安全感呢?因为内在的匮乏没有去除,恐惧没有去除。

我们在生活中不停地打转，忙了半天，为什么心里却不快乐？我们不停地追逐，好像实现目标了，可怎么还是那么空虚呢？这是因为我们每个人从小就被父母设置了一些既定的模式和程序。

大家都知道飞机有一种模式叫作"自动巡航"，设定好之后，飞机就可以自动驾驶了。这时机长可以喝杯咖啡，甚至打个瞌睡。其实，我们很多时候就活在这种自动巡航系统下。像我这个朋友就是被恐惧和匮乏的模式导引，所以赚再多钱她都觉得不够，没有安全感，在这一点上，她失去了正常的判断能力，变得没有理性。

回忆一下，你是否有过开车从甲地到乙地的经历——你根本不知道自己走了哪条路、碰到了几个红绿灯，你完全没有感觉，似乎突然就开到目的地了。你脑子里想着别的事，身体却像一个机器人一样，遇到红灯会停车，遇到有车切过来的时候会踩刹车，遇到该转弯的时候会转弯……到达乙地之后，你忽然觉得不知道怎么就到了。

其实在我们的人生当中，很多时候，我们都是在这种无意识的模式下运行的。当我们跳脱不出来时，我们就会责怪别人，责怪时局，责怪自己的命运：怎么会这个样子呢？我这么努力了，我对他这么好，他怎么还这样对我呢？

因为我们看不到，在我们的生命底下，有一台仪器，它在自动巡航。

就像你每天起床会习惯性地从左边下或者从右边下，这就是潜意识，它在主导我们每天的行为。每个人都有自己想要过的日子、想要做的事情,而且一直在自动巡航的模式下运行。这时你跟别人说什么都没有用,你改变不了别人。

所以,你必须不断地去观照自己的内在,看看究竟发生了什么事情,是什么在为你的人生导航。只有这样你才有主控权,否则你就是你思想的奴隶,你就是你情绪的奴隶,你就是你命运的奴隶。

如果你每天的生活就是起床、做饭、送孩子上学、上班、回家、吃饭、洗澡,然后上床,就这样浑浑噩噩地过着,从来不去反思、观照自己的内在,那你就不要抱怨命运对你不公,抱怨你的生活不幸福。因为你没有观察你的生活,你没有掌握你的人生。

CHAPTER 2

你失去的任何东西，都会以另一种形式回来

我们需要带着觉知去生活，潜意识是了解自我的最好途径。

当你意识到你失去的任何东西，都会以另一种形式回来，你会过得更快乐。

请别陷入内心的"匮乏感"不能自拔

外在导向的人,其实内心非常空虚,在外抓取半天,虽然赢得了一些他们想要的关注、掌声、嘉许,但是回到家中,那种挥之不去的匮乏感和空虚感还是缠绕着他们。

我们是否陷入了内心的"匮乏感"怪圈

曾经,我在微信公众号"张德芬空间"的"小时空修心课"里和大家讲到了我们的人生模式,很多人都在不断地重复自己的人生模式,过着自己不想要的生活。如果我们看不见这种模式,就永远无法摆脱。而人生模式其实非常容易辨别出来,只要我们稍微留心。

很多跟金钱过不去的人,也许正是因为对金钱有匮乏感,所以终其一生都在追求金钱。实际上,他们一直在和自己内心的"匮乏感"

战斗，最终可能反而驱逐了金钱。

又或者有些人有非常好的福报，累积了财富，但是正因为对金钱有匮乏感，同时可能有"不配得"的情结，所以财富的累积反而会让他们不安心，他们舍不得花钱，完全无法享受财富带来的好处。

还有些人一生都在和自卑感战斗。我见过一些非常有成就的人，他们一上来就为自己鼓掌，你说其他人或东西好，他们立刻要加以批判，好像别人好了他们就不好似的。这类人常常会以自我为中心，仿佛生命中所有的人、事、物都是为他们加分而来的，他们说的、做的、关心的，全都是为了让自我感觉良好，以对抗自己内在的那种自卑感。

自卑感的表现方式有好多种。有些人是表现狂，特别喜欢夸耀自己的功绩，人一多就特别来劲。他们的所作所为，无一不是为了博得别人的眼球，这其实可能是在弥补小时候缺乏父母关注的遗憾。

有些人则特别在乎自己有用没用。别人用得上他的知识、技术时，他特别高兴，像中了彩票。这种人小时候一定曾被父母视为无用之人，或是在成长过程中，曾经因为觉得自己没用或不够有用而受过创伤，所以长大后，他要不断证明自己，弥补那种遗憾。

这些外在导向的人，其实内心非常空虚，在外抓取半天，虽然赢得了一些他们想要的关注、掌声、嘉许，但是回到家中，那种挥之不去的匮乏感和空虚感还是缠绕着他们。

还有一种特别害怕别人瞧不起他的人，到处对号入座，认为别人不尊重他。这样的人会不自觉地把这个世界变成他想要的样子——

别人不尊重他。

这样的人有三个"特色"：

1. 吸引不尊重他的人到身边，因为他散发着不被尊重的能量（你害怕什么，就吸引来什么）。

2. 他会曲解别人的言语、行为，认为这就是别人不尊重他的证据。

3. 因为太在乎别人尊不尊重他，他的一些行为反而会让周围的人不自觉地不尊重他，真的创造一个"到处都有人不尊重我"的世界。

我自己也对号入座过"不被爱"的模式。小时候，父母虽然很爱我，可是难免有疏失之处，不知道为什么，我将他们的行为诠释为"不爱我"，因此种下了"我不被爱"的种子。成年后，我会在亲密关系里面寻找不被爱的证据，或是吸引没有能力爱我的男人，最终，我的行为让爱我的男人停止爱我了。

如何突破"不想要的生活"模式

1. 找出自己是被哪种感受绑架的：不被爱、不被尊重、想要有用（害怕自己没用）、自卑（我不够好，我没人家好）、没钱很不安全、我就是不值得……

2. 找出这种反复出现的感受以后，认清它是自己的模式、情结，而不是真实的，并且下定决心不再被它愚弄、绑架。

3. 每次它出现的时候,一定要立刻看到它(观照、觉察),然后带着理解跟它说:我看到你了,我接受你的存在,但是我不会让你来干扰我看待事物和人的方式,更不会听你发号施令,影响我的行为。

如此反复练习,不让这种感受掌控你,更不让它成为你的行为的唆使者。

祝愿我们都能成为自己的心念的主人,不为自己的模式所奴役和掌控。

做我以往不敢做的事，最终过我想过的生活

那些总是在自己的舒适区娇纵自己的人无法成长。很多人甚至在舒适区里受苦，痛苦使他们有存在感、自我感，或者说，人生不痛苦就不够有滋味。

◎宫崎骏说："我始终相信，在这个世界上，一定有另一个自己，在做着我不敢做的事，在过着我想过的生活。"但我更愿意相信，这一生，我会努力跳出自己的舒适区，做我以往不敢做的事，最终过我想过的生活。

◎一段刻骨铭心的爱情的破碎，让我看到自己的许多不是。一段艰苦的团体长途旅程，暴露了自己的许多不堪。还好，我越来越爱自己，看到了那些长久以来被压抑或视而不见的部分，用爱去接受、整合它们，让自己成为一个更完整的人，而不是"好人"或"女神"。

◎有人说："在爱情面前，谁认真谁就会输。"话是不错，但爱情是游戏吗？要有输赢吗？如果只看输赢，爱情对我来说就不是爱情了。

◎有些人喜欢跟自己过不去，他们惩罚自己的方式，通常是惩罚自己的亲密伴侣。所以，我们需要觉察自己的行为中哪些是意气用事，伤害了别人，也给自己造成了痛苦。不要一味责怪别人，觉察到自己的行为之后，要痛下决心改变。

◎学会信任，不是去相信别人不会伤害我们，而是让自己学会接受伤害，并因而成长。

◎那些总是在自己的舒适区娇纵自己的人无法成长。很多人甚至在舒适区里受苦，痛苦使他们有存在感、自我感，或者说，人生不痛苦就不够有滋味。

◎面对令人苦不堪言的情绪，无论是对一个人的思念，还是悔恨、自责、羞愧、悲伤、愤怒，只要承认并接受"这辈子也许永远无法放下这种情绪"的事实，你的感受就会有所变化。痛可能还会在，但已经不会影响你了。

◎改变习惯和态度需要付出代价，但是相较于不好的习惯和态度给我们带来的麻烦，还是改变比较划算。

◎真正的宽恕，是看到其实没有你需要原谅的人或事，所有的事情都是为你而来的。口口声声说要宽恕的人，其实还是受害者心态，强迫自己容忍。

◎有受害者心态的人，总觉得发生的事情都是冲着自己来的，害自己变得怎样怎样。一个人如果抱持这种心态，是很难快乐起来的，生活也容易不顺利，更重要的是，这种看待事物的观点会被不知不觉地传给下一代。

◎我们有时候会说当初看走眼了，其实不是看走眼了，而是我们自己的内在有一个"要"，有一个"贪"，所以才会做出那些后来看起来愚蠢的事，才会让其他人有可乘之机。

◎过于用力地展现自己美好的一面的人，往往是最不能接受自己不好的那一面的人。

一切都会变好

如果你真的相信自己生活中的一切事情都可以向好的方向发展,都将为你服务,那你就能拥有爱。

相信一切都会变好,你就不会损失什么

我们需要有做出选择的力量,如果你选择相信一切都会变好,你就不会损失什么。

有部印度电影叫《三傻大闹宝莱坞》(3 Idiots),里面有句话:"一切都会变好(All is well)。"这句话就像一句咒语一样,"一切都会变好,一切都会变好",不管什么时候感到害怕,你都可以念这一句。电影的主人公说,我们的大脑非常狡猾,它会对你撒谎,恐吓说你将会处于危险之中,所有事情都会很糟糕。这时如果念"一切都会变好"这句咒语提醒自己,你就可以摆脱大脑的欺骗,之后就会感觉好很多,并冷静下来,于是一切真的变好了。

你需要这种信念。如果你真的相信自己生活中的一切事情都可以向好的方向发展,都将为你服务,那你就能拥有爱。即便是给自己洗脑,你也要变得积极,想象自己终将过上快乐的生活,想象一切事情都会变好。即便你最后发现自己的生活并没有变好,过的也并不是自己想要的生活,你也不会有什么损失。因为至少你在追求的过程中快乐过,而且这个过程本身就很有趣,这就够了。

在电影《我们到底知道多少?》(*What the Bleep Do We Know!?*)里,科学家也表示,我们的大脑并不能清楚地分辨现实和想象。我们会体验到我们所想象的一切事情,那我们为什么不想点好的事情让自己快乐呢?

我们要如何说服自己一切事情都将变得很好呢?

我们可以预先观想我们想要在未来实现的一些事情。比如你要上台,却害怕在公众面前发言,你就可以想象自己将要面对的场景,预演一番,给自己鼓励和勇气。

电影《大鱼》(*Big Fish*)里有一个可爱的男主角,他从一个女巫的眼睛里看到了自己将怎样死去,从此对死亡变得无所畏惧。后来,他们的小镇来了一个巨人,人们说这个巨人会吃活人,而且他已经吃掉了农场里所有的羊，所以没人敢去跟巨人交涉。这个小男孩却勇敢地去找了这个巨人，因为他知道自己最后不是这么死的。小男孩找到巨人后，发现巨人其实很友善，只是因为太饿才吃掉了所有的羊。最后，所有的事情都得到了圆满的解决。

我们必须清楚，我们是可以改变自己的生活态度的。它并不是你的一部分，并没有被固化在你的体内，而是从家庭、学校和社会中习得的。习惯、模式并不是一天就能形成的，要改变它，至少需要 21 天，甚至 30 天或 3 个月。

不走出你的舒适区，你将会处于危险之中

悲伤的感觉让我们很舒适，困惑的感觉让我们很舒适，因为这是我们从小到大的习惯模式。如果想让自己变得乐观、清醒，我们必须努力走出自己的舒适区。

然而大部分人在本质上都很懒。你在自己的舒适区里过得很舒服，但此时你是无意识的。

如果你不想改变自己，不想遇见幸福的话，你就待在现在的舒适区里继续过下去。但如果你想要有所改变，想要遇见幸福的自己，你就一定要走出你的舒适区，强迫自己去做一些改变。

有时候，某些难以名状的恐惧，真的很难被消除。比如说，有些人不敢关灯睡觉，那你就开着灯睡觉嘛！再比如说，你知道自己很"恐病"，那你就强迫自己去面对那种痛或者不舒服的感受，如果你真的很难受，那就再去医院看医生。

还有一些让我们不舒服的感受，通常我们看到它们来就会逃跑。比如，每当母亲抱怨你，你就会产生愧疚的感受。久而久之，愧疚多了，承受不住了，你就恼羞成怒，时常和母亲起冲突。其实，我们要做的，就是在当下深吸一口气，学会和那种不舒服的愧疚感待在一起，守住自己，看着它，它就会渐渐消散。

一个人欠缺什么，
就要给出去什么

我们需要尝试用不同的思维方式来改变自己的看法。这样的话，做事情的时候就不会畏首畏尾，觉得受到了捆绑；不会心不甘情不愿地去做事情，做了之后仍然不高兴。

我常常一个人出门旅行，所以在坐飞机的时候，会不时地被旁边的情侣要求换位子。我通常会买靠窗的座位。有一次，我从南极回来，飞了30小时，已经很累了，我希望能靠着窗好好睡一下。可是，有一对夫妻想要坐在一起，希望我换到靠走道的位子上，我答应了。

你也许会觉得我很善良或是怎么样，其实不是，我只是觉得：一个人欠缺什么，就要给出去什么。譬如，你给别人祝福，这个祝福就会回到你自己身上。我现在单身，形单影只的，看到别的夫妻想要坐在一起，想要团圆，我就让他们能够达成心愿，而这种祝福别人成双成对的能量，我相信也会回到自己身上。所以，做这件事情的时候，我是心甘情愿的。

在生活中，有很多人会不自觉地把自己代入受害者模式，遇到一些不公的事情时，他们没有办法直起腰来为自己发声，为自己争取权益，总觉得是别人伤害了他们。其实，没有人伤害他们，而是他们让自己变成了受害者。受害者通常没有办法吞下自己的委屈，所以他们会找另一个人去责怪、发泄，这时他们又变成了迫害者的角色。而这两个都不是好角色，扮演起来其实挺受苦的。

大家可以去看一看，在你的生活当中，是否也有一些这样的事情——你做的时候其实心不甘情不愿，但是又没有办法拒绝，从而让自己陷入了两难的境地。你觉得很难受，于是会找一个人来出气、来控诉、来发泄。

我希望从此以后，如果再遇到这种情形，你能够找到另外一种方式来疏解自己的心情。比方说换位子这件事情，要是你不想换的话，那就心安理得地坐在那里，不要觉得愧疚；如果觉得愧疚，那就好好地跟自己的愧疚待在一起，不用勉强去做自己不想做的事情；如果你想换，那就把自己内在的委屈都消化掉，自圆其说，让自己心甘情愿地去换。我觉得做好这样的小事对我们生活质量的提升来说是非常重要的，它也能成为我们人际关系的润滑剂，让彼此的关系变得更好。

我们需要尝试用不同的思维方式来改变自己的看法。这样的话，做事情的时候就不会畏首畏尾，觉得受到了捆绑；不会心不甘情不愿地去做事情，做了之后仍然不高兴。

我曾看到一篇文章，里面提到：哈佛大学花了大概70年的时间跟踪调查了一批人，记录这些人平时的喜悦程度和他们的职业生涯是否成功，以及分析赚了多少钱和喜悦程度是否有关系。研究发现，人际关系比较和谐的人，往往生活质量比较高，喜悦程度也比较高，同时挣的钱比较多，事业也比较成功，以及最重要的一点就是，他们的健康状况会比较好。

所以说，把人际关系处好是非常重要的。

我最近越来越觉得，真正的修行，其实并不是去做那些宗教或仪式上的修持。当然，那些也是很重要的，因为可以带给我们一些心灵上的安慰，增加我们的能量。但是，真正的修行还是要落实在生活当中。

当我们跟外界的人或事发生冲突的时候，我们能不能从中觉察到自己的一些习性？比方说虽然对方一定有错，但是我们一定也有可以改进的地方。像我刚刚提到的那些陷入受害者模式的人，他们都没有看到自己的问题，只是看到了对方的错误，这说明他们没有能力把眼光收回来看自己。所以，我希望大家至少能够有这种能力——在与人发生冲突之后，能够把眼光收回来，看看自己身上到底是什么样的信念模式在作祟，到底时常沉溺在什么样的情绪模式中不能自拔。

因为无法和这种情绪共处，我才会做出这样的行为，造成这样的结果。

如果我们都能够这样反思，我们的人际关系一定会越来越好的。

我们终将遇见爱与孤独

别人永远都无法给你公正的评判和对待

每个人都是从自己的观点、利益点来看事情或评价人的,几乎没有例外。

我曾经和女儿一起去看了电影《我们诞生在中国》,这部电影介绍了几种动物在春、夏、秋、冬四季的生活,很有意思。

影片中有一头叫作"达娃"的雪豹,它在气候恶劣、土壤贫瘠的荒野高原上抚养两个宝宝,非常不容易。冬天到了,达娃几乎没找到什么吃的,捕猎时脚又受伤了,真是雪上加霜。好不容易等到了春天,可是只有牦牛群经过。它饿慌了,两个孩子也是。于是,达娃冒着生命危险冲入牛群,想要叼走小牛犊。

可是,体重是它十倍的牦牛可不依,同样护子心切,牦牛妈妈用牛角猛地冲撞达娃。达娃负伤严重,只得放下小牛犊逃跑,最后因伤势过重死在了冰原上。它的两个孩子在不久之后也可能成为其他雪豹的粮食。

当那惊心动魄的一幕发生时,我和女儿握着手,手心都出汗了。看着达娃为了生存拼死搏斗,最后负伤身亡,我和女儿都哀叹不已。

可是我们后来在讨论时说,只因为我们看了达娃好长一段时间的生活,偏偏导演又给它取了名字,让我们感觉它是一个老朋友,我们才会希望它好,却没有想过,人家牦牛也是一家子呢,牦牛妈妈好不容易生了小牛,能让雪豹轻易叼走吗?

只因对达娃有感情,所以我们不顾牦牛的感受,只希望达娃能够顺利抢走小牛充饥,好让它和孩子们能够活下去。

这让我想到我们自己:每个人都是从自己的观点、利益点来看事情或评价人的,几乎没有例外。

这种毛病我自己有时也会犯,但当朋友跟我诉苦,小孩找我商量事情时,我会尽量从一个客观公正的角度,不带任何偏见地去帮对方分析。

比方说我有一个朋友,她的爱人对她其实非常好,但是她爱人的个性和能量与我有点犯冲。我很少讨厌什么人,但是我不会喜欢那些对我有成见、不喜欢我的人。然而,每次朋友跟我抱怨她的爱人怎样怎样,想要离开他的时候,我都会劝她不要这样,要多想对方的好处。如果我没有意识到我应该为了我的朋友好,不能因为个人喜好和恩怨出言相劝，我可能会和朋友一起说她爱人的坏话，劝她分手。

人只关心自己想要关心的东西，过滤能力特别强。就像我的婚变，每个人都各抒己见——从自己想要站的角度来看待。

有些人会说："德芬好勇敢哟，始终知道自己要什么，不会屈从。"

有些人会好奇地打探细节隐私。

有些人则会批判地说："她写了那么多书，却连自己的婚姻都弄不好，哼！"

悠悠众口，每个人的角度不同、观点不同，我们无法杜绝别人的批评，只能心安理得地做好自己。

让别人改变观点，有时也不是一件难事——你只要把他和你的利益放在一起就可以了。聪明人会创造双赢的局面，只有愚拙顽固的人才会任性地采取两败俱伤的做法。

亲爱的，别再受潜意识的操纵了

所谓心灵成长，就是不断地把潜意识的东西慢慢带出来。潜意识就像一座冰山，它每天都在操控我们的生活。

为什么我们常常会做一些莫名其妙的事
——唤醒自己

什么是唤醒？

就是带着觉知去生活。否则你就会像一个机器人一样，被自动化的机械制约着行为模式，让植入的电脑程序运作你的人生。

潜意识一直在主导你的行为。你不了解你的潜意识，于是会莫名其妙地去做一些事情，然后你会疑惑："这个人为什么会让我这么不快乐？刚刚我为什么要对他那么凶？"

你完全不懂。

有时候，你会突然醒过来，说："怎么回事？刚刚为什么会这样？"

这种情况会越来越多，除非你能够觉醒，并且有意识地去观察自己：此刻的我，内在有什么样的感受和情绪？刚刚我看到那个人的所作所为，他让我觉得自己不够好，所以我会出言攻击他。他让我不舒服，所以我会那样做。这样我就明白了我刚才的反应。

所谓心灵成长，就是不断地把潜意识的东西慢慢带出来。潜意识就像一座冰山，它每天都在操控我们的生活。我们一点一点地挖掘潜意识，慢慢地就会更加了解自己是如何起心动念的，以及自己为什么要做这件事、为什么不快乐。

了解别人容易，了解自己却很困难。因为很多东西都在潜意识里面，我们只是不愿意看到它们，才把它们压到了潜意识里，所以挖掘潜意识是了解自己的最好的途径。

你在别人身上看到的东西，你自己都有

怎样才能通过潜意识来了解自己呢？

首先就是去观察自己的内在阴影——带有负能量的那部分。

投射不见得都是坏的。比如说很多读者都很喜欢我，觉得我既聪明又优雅。其实这些人在我身上看到的东西，他们自己都有，这就叫黄金投射。可能小时候因为某种原因，他们不愿意让自己太聪明、太优雅。其实现在他们都做得到，只是没有往这些方向发展，所以才会把对这些特质的向往投射在别人身上。

还有一些投射是负面的，比如"这个人怎么这么懒惰？我好讨厌他""这个人怎么这么虚伪？我好讨厌他……"。

因为一个人的某种行为而很讨厌他，那也是投射——阴影的投射。比如我不愿意承认自己有虚伪的一面，而且我很讨厌自己虚伪的那一面，但我总不能一天到晚骂自己吧？所以看到别人虚伪，我就特别想去骂他：这个假惺惺的人太恶心了！

这些都是潜意识里的活动，当我们慢慢把它们带到意识的表面上来时，我们会过得更快乐。

你随意评判别人的话，都会回到你自己身上

曾经，我跟一个人反馈说她讲话尖酸刻薄（当然是未受邀请的反馈），我说的时候并没有什么情绪，也没有批评的意思，只是如实反映。这个人却完全不同意，她没看到自己当时那副盛气凌人的

样子，只是非常情绪化地予以否认。

这让我想起我孩子小的时候，我在新加坡的一家大公司上班，非常忙碌，也没有开始灵修，所以脾气很坏，常常责骂孩子。孩子的爸爸那时候就告诉我："我真想把你对孩子说的话录下来，让你自己听听。"我当时还不服气。后来，我得了抑郁症，不得不自己沉淀下来，开始向内探索，才逐渐看到自己的言行是怎样伤害别人的。

随意评判别人会让自己感觉良好，尤其是评判名人。你知道名人的一些私事，或者你站在一个角度上去评判别人，就会觉得自己道德崇高。比如某个明星结婚了，那个男的不怎么样之类的评判，好像这样一说，自己就是个人物了。

我觉得，你看到别人好，就随喜，为他们感到开心，祝福他们，不要去评判。

如此，你就会把他们的正能量带回来给自己。相反，如果你看到别人好，就去投掷负能量给他们，那么这种负能量也会反射到你自己身上。所以，如果想要去批判，就要注意这一点。

所有的正能量发出去，同样的正能量会回到我们身上；所有的负能量发出去，则会加倍地回到我们自己身上。其实这个世界就是一面镜子，你展现了什么面貌给它，它就会还给你什么面貌。

佛家说随喜，还告诫我们不要做违心的事，就是说我们所说的话、所做的事，一定是发自我们的心，出自我们的意。

其实，亲密关系里的评判，有时候会格外严重。如果问题发生在别人身上，我们可能不会觉得怎么样，可如果问题发生在我们的亲密伴侣身上，我们可能就会去指责他，对他的批判可能会格外严厉，因为我们的利益跟他是牵扯在一块儿的。比如当别人做了一件我看不惯的事情时，我会觉得跟他又不熟，不关我的事；可要是亲密关系中的他做了一件我看不惯的事情，因为我和他彼此很熟了，所以我就会不顾礼貌和彼此的界限去批判他，这是蛮有杀伤力的。

生命中遇到的一切，
都是来帮助你成长的

人生就是一个不断学习和成长的过程，而生命中遇到的那些人、事、物，都是来帮助自己成长的。

生命中的难题，
反映了旧时的记忆和创伤

很多人问我，真的有因果报应吗？业力到底是什么呢？

因果报应这件事，真的很难说清楚，因此我无法给予一个明确的"有"或"没有"作为答案。但是我可以和大家分享自己在这方面的体会。

观察周围的朋友和我自己，我发现：所有让你不舒服的关系和发生在你身上的不愉快的事,都是为你量身打造的。

也就是说,我的问题,在你那里不会造成困扰;而你的问题,对我来说真的不是个事。

为什么会这样呢?

因为我们的人生就是一个不断学习和成长的过程,而生命中遇到的那些人、事、物,都是来帮助自己成长的。

比如我,看似在生命中的各个层面都已经修得差不多了,父母关系、亲子关系、朋友关系、事业、金钱、健康,几乎都可以过关。所以,我平时就像个专家,任何朋友有这些方面的困惑,我都可以给出答案,帮助他们解决问题。在这个过程中,我常常感叹:"这件事放在我身上根本不是问题,绝对不会给我造成这么大的困扰。"

然而作为"补偿",我的亲密关系一塌糊涂。

我的亲密关系问题,对周遭的闺密来说也是不可思议的。她们觉得,这种事情根本就不会发生在她们身上,即使发生了,她们的应对方式也与我的不同,绝对不会这么麻烦、这么痛苦。最后,我不得不好好去面对自己内在的问题,因为症结显然不在这件事或那个人身上,而是我自己的内在需要学习,需要被疗愈。

我们常问:"为什么我这么倒霉,遇到这样的人?为什么我这么不幸,碰到这样的事?"其实,如果静下心来回观一下自己,我们便会发现,这件事或这个人就是直捣你的命门而来的。后来我真的发现,每个人在生命中所遇到的难题,真的是专门针对你的内在需要被唤醒、被疗愈的那部分而设计的。

所以，会问有没有"因果报应"的人，一定是卡在某件事或是与某个人的关系当中煎熬的人；会在乎"业力"的人，也一定是莫名其妙地被卡在一个痛苦的情境里面脱不了身的人。无奈之下，他们会问："这是不是因果业报啊？我上辈子做了什么，或是我欠了什么，这辈子要遭逢这样的事？"其实，这种问法是无力的、被动的、脆弱的。你不如这样问："这件事、这个人，反映了我旧时的什么记忆和创伤？我现在应该如何去疗愈它？"这才是正确的问法。

自己有坏情绪，不要去找替死鬼

脱离因果报应的方法很简单，却不容易做到，那就是：为发生在你身上的事负起百分之百的责任，愿意放下责怪、埋怨，坦然面对这件事或这个人，用"如何让这件事发展得更好""如何弥补这件事造成的缺失""如何让双方都能够更好过"的思维模式去处理这件事或对待这个人。

如果当中有和你对抗的一方，那就放过对方吧，只集中精力和注意力在你可以"做"的事情上。有时候，你根本不需要"做"什么，只要改变自己内在的想法、看法，整件事情就会有意想不到的结果。

有时候，我们遭逢打击，不得不承认好像就是有一股业力在牵引我们，无法摆脱，让我们去做自己不想做的事，动自己不愿意动的念头，说自己不想说的话。

这个时候，我体会到，燃烧业力最好的方法，就是去感受和承受你最不愿意面对的情绪——也许是不被爱的感受，也许是被抛弃的感觉，或者觉得自己不够好，感到罪过、羞愧、恐惧、不甘、愤怒、憎恨等等。我们自己的内在控制不住这些感受，就会找个替死鬼来承接，因为怪罪别人要轻松容易得多。

我自己的经验是，其他人真的只是来陪你玩这个游戏的，把焦点放在他们身上，怪罪他们，或是想要他们改变，真的是事倍功半，非终极解决之道。

如果你想要真正成长，想要拥有自由的灵魂、自在的人生，那么为自己的情绪负起责任是最重要的。"亲爱的，外面没有别人"这个口号，我喊了很多年，但一直到最近，我才终于勇敢地去直面自己最害怕的感受，并且为它负责。直到这个时候，我才能说，我稍稍做到位了。

为什么会这样呢？

因为面对自己比怪罪别人痛苦多了。诚实地去接纳自己的不堪，愿意看到业力、因果都是我自己内在的记忆和旧时的创伤造成的，是多么令人不舒服、不愉悦的事啊！相对来说，纠缠在某一个人身上或某一件事情上面真的比较好玩，至少热闹，因为有那么多"他人"

在陪你玩这个游戏。

　　但总有一天,你会像我一样,真的厌倦了、疲惫了,不想再玩这种被他人、被情绪、被外境奴役的游戏了。也许那个时候,你会真的愿意安静下来,回头看看自己,回来承担所有的责任,放过那个人,放下那件事,风平浪静地过——日——子!

放下，
要从放下面子开始

其实好面子的人，是把他的身份认同放错了地方。

现在，很多人都爱说放下。什么叫放下？很多人说：我不会放下，而且我也放不下。那么，放下应该从哪里开始？

放下，要从放下面子开始，这是人人都能做到的。可能有些东西实在放不下：我放不下对某个人的牵挂，我执着于某件事，等等。那么，请试着从放下我们的面子，从日常生活中的点滴小事开始，其他的慢慢也就能放下了。

其实好面子的人，是把他的身份认同放错了地方。

我们每个人都需要身份认同，如果没有工作去充盈内在的话，我们会不自觉地把爱人当作自己身份的一个延伸，把孩子当作自己身份的一个延伸，然后把自己的面子也当作自己身份的一个延伸。

在美国，高速公路上常常会发生暴力事件。双方抢车道时，一言不合就拔枪相对。为什么会这样呢？还是面子的问题。这其实是一件很无聊的事情，你在开车，别人抢你的车道，你那么生气干吗？如果你把他抓下车来问，可能他真的是尿急要去上厕所，或者是他母亲生病了，他想赶到医院去看她。人家是有理由的，你为什么要生气？因为你觉得他竟然敢抢你的车道，这让你没面子。

其实，有这种想法的人是很可怜的，他们把自己的身份认同建立在如此微不足道的地方——车辆正在行驶的道路上。这就好像女人手里拿的包包——包包贵重，她就觉得自己是一个尊贵的人；要是拿着几十块钱的包包，她就会觉得自己特别没有价值，会被人看不起。

如果把自己的价值、生命的价值和自己的身份认同都放在这些外在的东西上，不断地向外抓取，那你自然而然地会在很多关系里一直遭遇冲突。

如果你的内在对自己不认可，找不到一个安身立命之所的话，你所有的身份认同和价值感就会来自外界，你会很重视面子。在生活的各个方面和各种关系里面，你永远都是面子挂帅，会活得非常累。

在生活中，我们看到很多人都是活给别人看的。比如一些所谓的"土豪"，他们穿的衣服鞋子、开的车是哪种贵就买哪种，出门却住很便宜的酒店，买机票也绝对不会买商务舱。这就很奇怪了，他们买一双鞋子的钱就可以享受一趟十几小时的舒服的长途飞行，可他们偏不，他们宁可穿着漂亮的鞋子给别人看，然后在别人看不到的时候吃苦，虐待自己。这种需要从外界来寻求身份认同的人，注定过得相当辛苦，也很难得到真正的快乐。

退一步来说，就算你拿着一个名贵的包包，那又怎么样？看你不顺眼的人，还是看你不顺眼，你永远无法控制别人怎么想。穿衣服也是一样的道理，有些人甚至不自信到了身上不穿着名牌衣服就不敢出门的地步，这真是很可悲。

在职场上，大家对办公室政治习以为常，其实争来争去，还是一个面子问题。你要这么去想：我尽力把事情做好，这是最重要的，工作不是为了面子。这种斗争太多，对公司来说是一点都不好的，因为事情都没人做，大家都去搞权力斗争了。朋友关系、亲子关系也是如此，比如没办法跟自己的孩子道歉，这也是一个问题，因为大人总有做错的时候，那个时候我们就该跟孩子道歉。

能真正放下面子的人，才是最有力量的人。

真正有内在力量的人，是不在意面子的。

很多人总是很在乎面子，但很可悲的是别人都能清清楚楚地看到你在做什么——其实你内心很没谱，非常空虚，所以才这么要面子。反过来说，如果你不是那么在意面子问题，那么反映在所作所为上，就会让别人感觉到你的内在真的是有力量的，这样反而能赢得别人的尊重。我们与人相处的最终目的不就是别人能够尊重我们吗？想要自我感觉良好，那就要看这种感觉是来自外在还是内在，是外在导向还是内在导向，弄清楚这个才是最重要的。

你所要的，
真的是你想要的吗

> 你是否能够不被自己的贪婪和匮乏感蒙蔽，而是愿意去配合这些规则的运作，在其中为自己创造比较有利的机会？

对每个人来说，选择都不是一件容易的事，因为我们的每一个选择都左右着自己的人生。过于牺牲或者过于贪婪，都可能导致悲剧的发生，而权衡的关键在于你知不知道自己真正想要什么。

我有一个男性朋友，他开公司赚了一些钱，长相斯文，人还算忠厚善良，但生活节俭，甚至有点吝啬，而且言语无趣，没什么品位。每次和一群女孩子出去吃饭，他都要 go Dutch（平摊出钱）。我常常送一些书给他，他从来都问心无愧地收下，没有任何回馈的表示。

他当时跟我说他的梦想：娶一个长发披肩、皮肤白皙、貌美如花的妻子，还要妻子为他生儿育女。他年纪不小了，而且是二婚，所以我个人觉得他梦想实现的概率不大。但是我那个时候（十几年前了）刚好在玩心想事成的游戏，就教他发愿，每天早上醒来就观想这个女人在他的怀抱中，晚上睡觉前也这样观想。

大概他心意非常坚定，过了两年，居然真的让他碰到了。这个女人非常美丽，身材也好，皮肤白皙，总之，她的外貌就是他梦寐以求的女神的样子。后来听说他斥资为她在台北富人区买了豪宅、名车，常常陪她去名牌店购物……后来，他们步入了婚姻的礼堂。

婚后没多久，女人就怀孕了。不过听说两人这时开始争执得越来越多，常常吵得不可开交。但他们最终还是生了一儿一女，如了我朋友的愿。

然而这些年来，两个人不断争吵带来的郁结情绪，让我的朋友得了重病。最后他撒手人寰的时候，最小的孩子才一岁多，他的财产当然都留给了这位美女和两个没有爸爸的孩子。

这个故事让我常感慨万千。很多人一直不知道自己到底适合找什么样的人、该做什么样的工作。虽然我们常说站得高，看得远，但现实的考虑是不可以缺失的。我的朋友就没有考虑过，像他这样无趣、无才、相貌又普通的人，人家超级美女为什么要嫁给他？

我见过很多有一定能力的人，他们积极投入事业，奋发向上，但是目标太高，身段也高，不肯从小的地方扎扎实实地做起，总幻想有一天天上会掉个大馅饼下来，最后落得一事无成。

这就是典型的好高骛远，可是身在其中的人一无所知。

也许，我们在编织自己的梦想的同时，应该好好衡量一下自己的条件，不要存有侥幸心理。最好是多去咨询其他有识之士，诚恳地请教那些有经验、有智慧的人，让他们给自己一些中肯的建议，而不是一味地去追逐梦想。

追逐梦想不是不可以，而是要看清楚自己的意图。如果完全是出于自身的匮乏，想要证明自己，或是出于对金钱的恐惧，想要大捞一笔，你就很难有所成就，就算最后成功了，也无法享受奋斗的成果。因为匮乏和恐惧的情绪模式，不会因为你的成功和富有而改变。

飘浮在空中、无法脚踏实地地做事的人，可能会得出一个结论：这个世界是不友善的，自己非常倒霉，总是不走运。其实，还有一种说法：好运是留给准备好的人的。你有没有能力消受这样的美女？钱财来了，你是否守得住？好运来了，你是否会珍惜？收到礼物之前，总会有一些插曲，你是否准备好接收礼物了？

这个世界虽然不一定是公平的，但是它的确存在一些事物运作的潜规则。你是否了解这些潜规则？你是否能够不被自己的贪婪和匮乏感蒙蔽，而是愿意去配合这些规则的运作，在其中为自己创造比较有利的机会？回头看自己，给自己一个公正的评价，再决定你要什么，这样才是比较理性的。

这也是心想事成游戏里的一个巨大陷阱：你所要的，真的是你想要的吗？它来了，你能把握住吗？想清楚了再去许愿、再去追求，可能才是明智之举。

随时检视对自己有害的
思维模式、信念体系和行为模式

如果我们能够找到对自己有害的思维模式、信念体系和行为模式，并马上开始改变的话，那我们的人生就会有很大的不同。

在生活中，我们每一个人的信念体系里面都有一些非常奇怪的东西。比方说，我认识一个女孩，她非常优秀，是一家非常红火的公司的CFO（首席财务官）。可她对自己的评价非常低——她长得很漂亮，却觉得自己丑得要命；她其实很能干，却觉得自己一点都不好。

这种人就像是活在自己的一种梦幻式的邪教控制下，他们坚信自己是不好的、没有价值的，所以健康状况、人际关系和喜悦程度相对来说都比较差或低。

我也见过一些人非常自卑，跟他在一起，你说什么话他都会联想到你瞧不起他，你不尊重他。

我一个朋友的爱人就是这样子的，你一不小心就会踩到他的雷区，说每一句话都得深思熟虑，不能随随便便否认他的意见，更不能说他有任何不好。只要一戳到他的痛处，那简直就是犯了滔天大罪，他可以三天不理你，摆一张臭脸。跟这样的人在一起很辛苦。

这样的人总是认为全世界都瞧不起自己，每个人都是来欺负他的，都是针对他的。当然，他也会让你过得非常不快乐。

我还曾近距离地见过另外一种人，这个人觉得自己的母亲非常糟糕，所以他有责任和义务去教训他的母亲。虽然他已经快60岁了，而他的母亲都已经快80岁了，可是他常常出言不逊，对母亲恶声恶气的，甚至会动手打他的母亲，说要教训她一下，让她知道厉害。

当我劝他的时候，我发现他也是完全停留在一种信念体系里面，完全看不到自己有任何错误，还总是振振有词地为自己的行为辩解。

我觉得，上面所说的这几种人，他们的信念体系根本就是一种邪教，对自己非常不利。

其实，所谓的邪教，就是一种过于偏执的信仰，不仅对自己有害，对他人也有害。然而有一些宗教信徒或是参加过某些宗教组织活动的人，他们自我感觉良好，过着非常充实的生活，非常信奉自己的团体所传输的教导，也在身体力行地实践，并没有去压迫别人、强迫别人，或是做出伤害别人的事情，我觉得这种是可以接受的。只要他们在某种信念体系里不去伤害别人，不去损害自己家人的利益，我就觉得这样也挺好的。

我希望大家都能有一种意愿去观察自己，都来检视一下自己的日常生活，看看自己有没有一贯遵循的模式，有哪些模式是一再重复的，而且对自己是相当不利的，可能它就是你需要去疗愈的模式了。

然后你需要知道，目前生命中存在的所有问题，不是来自外界的人、事、物，而是我们自己没有足够的能量、没有足够的空间去应对这些人、事、物。如果我们能够找到对自己有害的思维模式、信念体系和行为模式，并马上开始改变的话，那我们的人生就会有很大的不同。

CHAPTER 3

内心比红颜更久远

你每天喂给自己的灵魂什么食物？

你的所思所想、接触的人、说的话、做的事，都会影响精神养分的摄取……

到一定的年龄以后，真正的颜值就在于精神颜值，外在的条件都已经不重要了。

女人最应该呵护的是"精神颜值"

你的脸上,你的气质、你的气场里面写着的,是你走过的路、看过的书、交往的朋友、爱过的人,甚至你的人生观和价值观,都可以被一览无余地读出来。

第一次听到"精神颜值"这个名词的时候,我觉得很有趣。精神应该是无形的,颜值是有形的,这两个词凑在一块儿,我们怎么去理解比较好呢?我思考之后的想法是,一个人的精神面貌,其实应该是会显现在他的外表上的。

我们常说,一个人30岁以前的面孔是由父母决定的,也就是说先天的基因比较重要;而30岁以后的面容,就需要自己负责了。因为你的脸上,你的气质、你的气场里面写着的,是你走过的路、看过的书、交往的朋友、爱过的人,甚至你的人生观和价值观,都可以被一览无余地读出来。

我喜欢举的例子就是下面这个具有传奇色彩的中国女子,她嫁给了世界级的富豪,却没能守住这段婚姻。离婚时和结婚时的照片上的她,判若两人。以她的财富,现在各种微整形技术那么发达,说什么她也不至于落得一张线条尖刻的面孔,怨愤不满形于色。最近她频频恋爱,脸上的线条就柔和多了。

精神颜值就是时光在你脸上刻画出的气质线条。你给人家的第一印象、和你相处的人的感受,都是你精神颜值的体现。

学习心灵成长一段时间之后,我也开始不自觉地从别人的面孔、言行举止,尤其是眼神,去了解他们的生命故事。正所谓"凡走过的,必留下痕迹",你的生命轨迹,必然会以某种方式——无论是有形的还是无形的——呈现出来。

有职业苦相的人最容易被认出来,他们的眼角眉梢尽是苦味,好像有一肚子的委屈。而那些比较刻薄、犀利、严酷的人,他们的能量场就是会让人不舒服,更何况脸上还刻着各种不屑和轻视。

个人成长或心灵成长,其实就是在帮助你培养精神颜值。当你能够理解自己、接纳自己,和自己为友,甚至爱上自己时,那么你的精神颜值一定会大大地提高。

你每天喂给自己的灵魂什么食物?你的所思所想、接触的人、说的话、做的事,都会影响精神养分的摄取。

你看书吗?听音乐吗?自省吗?静坐吗?接近大自然吗?诚实

吗？善良吗？快乐吗？你每天接触的、发散的是什么样的能量？接触你的人感觉舒服吗？这些都是培养精神颜值的最佳指标。到一定的年龄以后，真正的颜值就在于精神颜值，外在的条件都已经不重要了。

我们就从今天开始，关注自己的精神颜值，永远不迟！

教养，
是女人一生最大的财富

> 一个女人有没有教养，就体现在当你触犯了她的利益时，她是不是宽容大度。

女人的教养包罗万象，比如她是不是足够善良，会不会像泼妇一样骂街，让男人没面子，或者是当她的利益被侵犯的时候，她会用什么方式回应。

我常常教我儿子：在跟女人交往的时候，你要看她跟前男友是因为什么问题分手的，通常她会重复之前的分手模式。你要看她提到前男友时是什么样的反应，如果她一直骂对方，一直说对方不好的话，你就要小心了，她对你也会重复这个模式。

我觉得一个女人有没有教养，就体现在当你触犯了她的利益时，她是不是宽容大度。也许你刚触犯到她的时候,她会很生气,可是之后她可以原谅,可以包容,这就是一个女人的教养。有教养的女人,对男人来说是终生的财富。因为一个人真的宽容地放过别人,就会宽容地放过自己,反之亦然。而且,一个有教养的女人,教养出来的孩子也会比较好。

男人找对象真的要注意,娶妻不好是祸延三代的,她会直接影响孩子,然后孩子再影响下一代,可能要三代才能修正过来。

没有教养,祸延三代

没有教养,祸延三代,这绝不是耸人听闻。

我的一个朋友,就是因为她奶奶不好,所以教养出来她爸爸也不好;她爸爸不好,所以娶的她妈妈个性也不好;然后生下她来,她也很辛苦。后来她接触了心灵成长,不断地修炼,到了她女儿这一代才好了。算一算,这真的是影响了两代人,直到第三代才改正过来。

在大多数情况下,教养和文化并没有直接关系,和学识、学历也没有多大关系。有时候你会发现:一个不识字的农村妇女非常有涵养,胸怀非常宽广;而有些受过高等教育的,居然坐监牢了。

教养主要跟个性有关，跟家庭成长环境有关。

我在《遇见未知的自己》里面讲过，一个人先天的性格、后天注定要碰到的事情，以及他的家庭环境，包括父母的性格、关系和教养，或是照顾他的人的性格（因为他也许是爷爷奶奶带大的），还有他所接受的学校教育和整体大环境，所有这些因素"相乘"，才等于现在这个人的性格和价值观等。

比如我的儿子和女儿，我和孩子爸爸很平等地对待他们，没有偏爱哪一个。他们出生的时候，家里的环境与现在也都没有太大差别。他们俩相差一岁半，不是说一个出生的时候家里很穷，另一个出生的时候家里却很有钱，或者说一个出生的时候父母感情不好，另一个出生的时候父母感情好。

我和孩子爸爸前期婚姻都还蛮稳定的，所以他俩出生后的成长环境、所受到的教育其实是一样的。可他们在个性、行为模式等各方面的表现，简直是天差地远。

这就是我们所说的DNA（脱氧核糖核酸）自带了60%以上的个性。

真正的教养，是父母垂范出来的

举例来说，我女儿天生就是一个不会去侵犯别人的人，性格特别好。即使在青少年时期，她也几乎没有跟我顶过嘴，也没有跟我大声说过话。

有一次，我跟一个朋友出去吃饭，她也带着自己的女儿——和我女儿同龄，当时我就看到朋友跟女儿说话小心翼翼的，好像生怕讲得重一点就得罪了女儿似的，而她的女儿也很不耐烦地回应着。这个朋友是一个单亲妈妈，和女儿的相处方式居然是这样的！

回来以后，我就特别赞赏我女儿，觉得我女儿真好，她从来没有跟我不耐烦地说过话，就算我把她逼急了，她也只是说"OK，OK，OK"，是息事宁人的那种。可能她天生就是一个性格比较温和、比较会做人、处事圆融的人。

但我儿子就不一样，他脾气不好，常常控制不住自己的情绪，而且生气的时候讲出来的话挺伤人的。当他口出恶言时，我就不理他，跟他说："你走开，我现在不想跟你说话。"他就走了。等脾气消了以后，他就会来向我道歉。这时我就跟他讲："你有没有注意到你刚刚说的话？你对妈妈讲的那个话很伤人的。而你现在怎么对我，将来就会怎么对你的亲密伴侣，这样是很不好的。"

之后，他经历了一段很短的亲密关系。关系破裂以后，他开始自我检讨，说在这段亲密关系破裂以后学到了什么：第一，不要轻信别人，不要太快就陷入爱河，要多做考核；第二，在分手的时候，不要口出恶言，更不要打电话给她的家人或朋友去斥责、抱怨；等等。他把这些都写下来，然后跟我分享。

我自己的亲密关系破裂之后，我也跟孩子们聊了我的想法。他们就很能理解我为什么不能跟他们的爸爸继续相处下去。当然，我自己也在反省，他们也看得见，我的这种行为在潜移默化中影响着他们。

有一次，我碰到一个朋友，她说平常都是她在养家，她老公什么都不做，后来还有了外遇，吵着要跟她离婚。虽然小孩当时才两三岁，但朋友也没有坚持，就这样放手了。她是个医生，现在她前夫生病的时候，她还会帮他看病，有时候还跟前夫一起带着孩子出去吃饭。

我跟她说："你真是豁达，有修养。"她幽幽地说："我走过一段艰难的心路历程，刚开始十分不能接受，有很多怨言。可是过了那段时间，就放下了。"她接受了老公的背叛，接受了老公找了一个样貌不如她、学历不如她、赚钱能力也不如她，总之各方面都不如她的莫名其妙的女人，她接受了现实。虽然很不容易，但是她做到了。现在，她全心投入自己喜欢的工作，过得非常充实、快乐。

所以，我觉得一个真正有教养、有肚量的女人，最终是能够创造双赢局面的。

当然，一个真正有教养的人，还要能够回到自己的内心，检讨自己在婚姻破裂的问题中所要担负的责任。像我这个朋友，她虽然很认真地工作，赚钱养家，但是，她没有花太多时间陪伴老公。她认为要尊重对方的个人空间，所以给了她老公很多自由的时间和空间，也没想太多。从表面上看，她好像没有什么可以自责的。

因为不太熟，我就没有跟她再深入探讨她在婚姻当中做了什么或没做什么，才导致婚姻破裂的。但是我会设想，如果是我遇到这种情况，我该怎样去做一个正向的应对，并在事后深刻检讨，怎样才能做得更好。同时，我希望自己能够因此而变得更好，并把这个经验教给我的小孩。

做内心强大的小女人

我们可以试着给事物一定的时间和空间。慢慢你会发现,其实你只要发个愿望,然后轻松地去做你该做的事,很多事情就会水到渠成……

如何打破自己的男性能量惯性沟通方式

帮助我散发出更多女性特质的,其实是我的儿子,还有我以前的爱人。我发现,家里如果有一个很强势、很具男性能量的母亲,就会有一个非常懦弱的儿子。如果你嫌你的男人不够有男子气概,甚至根本不像个男人,不能撑起这个家,那可能是因为你太强悍。

如果你真正爱你的男人,爱你的儿子,希望他们能够成长为一个真正的男人的话,你就必须学会在他们面前做一个小女人。当你向他们提出要求的时候，即使是说同样的话，如果你以一个小女人的姿态，那种能量、气场和力道就会不一样，对方听起来的感觉也会不一样。

我们要不断地觉察自己，比方说，当我看到儿子的行为不对，我要依照惯性去纠正、谴责他的时候，心里就会浮现："又来了，要注意！"这是一种很重要的觉察，需要在生活中不断地去操练。嘴上的利剑就要拔出来的时候，能停在出口之前的 1/4 秒的时间做一个转换，这是需要不断练习的。

人生的修炼，首先就是要打破惯性，并能够时时刻刻觉察自己，尤其是在当下觉察自己。就像一个演员那样：我是一个演员，我在演我的角色，我在说这句台词之前，可不可以有 1/4 秒的停顿，决定下一句台词怎么说，用什么能量说，用什么语速说，在什么状况之下说。

在生活中不断操练，你会发现总有一个阶段会发生改变，从不知不觉到后知后觉，到当知当觉，到先知先觉。

我孩子小的时候，我常常骂他们，那时就是完全不知不觉的，我还骂得很得意，觉得小孩子就是要被骂才能成长的（浑然不觉我可能把他们当出气筒了）。

学习心灵成长以后，我知道了不能那样骂孩子，从此开始了很长时间的向后知后觉变化的过程。

我们现在都知道小孩子需要多鼓励，不能用骂的，要温柔一点，不然孩子就会变得很懦弱。我儿子天生就是比较懦弱的个性,如果我再用强势去压他,那他就更弱了。骂完孩子们以后的后知后觉练习,真的是挺痛苦的。

但是只要你坚持,愿意去觉察,这个过程就会慢慢演变成当知当觉——你正在掐着腰骂的时候,突然会意识到"不对!不能骂,应该缓和一点跟他说,温柔一点跟他说"。这样继续坚持操练下去,就会慢慢过渡到先知先觉——一股气上来,正准备开口骂的时候,你停了下来,深吸一口气,换了一种方式说话。最后,我真的能做到这样了。

如何发挥自己内在的女性特质

所谓男性能量,首先就是有话直说,有错就改,事情要马上做,而且一定要黑白、是非、对错分明。

拥有男性能量的女性虽然非常能干,但女人就是女人,一定要注重自己内在的女性特质。

我也是一个很能干的女人,比如想要做成一件事的时候,我会用各种方法、各种手段,这条路不行就走那条,折腾半天,最后终于搞定了。

开始修炼以后,我发现其实有一条更简单的路——只要耐心地再等两天，事情就可以轻松地完成。可是我等不及，白花了好多力气。最后发现其实是因为我喜欢去展现自己的能力，事情如果太轻松就完成了，对我来说就没有挑战了。我喜欢花费很多力气，卷起袖子使出三头六臂把事情搞定，这样才有成就感。这就是非常典型的男性能量，其实不见得对我好。

你看到自己在用男性能量做事情的时候，可不可以退一步，停两天，把这件事情放在那里，让它慢慢发酵？说不定过两天事情就水到渠成了。

我们可以试着给事物一定的时间和空间。慢慢你会发现，其实你只要发个愿望，然后轻松地去做你该做的事，很多事情就会水到渠成，根本不需要用三头六臂去奋战。惯性行为模式就像其他人生模式一样，当我们知道它不能再为我们服务了，就要下定决心去改变。

最美不过女人味

一个有魅力的女人,第一要件就是真实、自然、不造作,这是最好的化妆品和嫁妆。一个愿意袒露自己的内心、不需要伪装的女人,才能流露出真正的女人味。

像水一样,
无坚不摧,
但顺势而流

有些女人长得真的很漂亮,在工作上可能也很有能力,每次相亲的时候,给人家的第一印象非常好,但是只要跟男人深入接触两三次,人家就没兴趣了。有时候,这是因为女人过分强势。

内心真正强大的女人,其实像水一样,无坚不摧,但顺势而流,让人很舒服。什么都要人家听她的，嘴皮上要功夫讨输赢的女人，其实内心是最脆弱、最没有安全感的。

这样的女人真的要去好好面对自己，看到自己的控制欲和不安全感，愿意在自己温柔的回观、陪伴下慢慢放手，让事情自然去发展，让别人自由地去做他自己，不要试图用控制人、事、物的手段，来慰藉自己内在的惊恐和不安。

还有一种女人完全不解风情，语言无趣，容易让男人打退堂鼓。根据我的观察，这样的女人都是非常虚假且内心封闭的人。她们太没有自信（即使自己很美丽、很能干），害怕说出自己内心的真实想法，于是找了一个理想面具往脸上一戴，就再也拿不下来了。沟通时，她们和别人隔着面具，让人有一种不真实的感觉。久而久之，她们和自己的内心愈加有隔阂，疏远，所以越来越无趣。

真实、自然、不造作

一个有魅力的女人，第一要件就是真实、自然、不造作，这是最好的化妆品和嫁妆。一个愿意袒露自己的内心、不需要伪装的女人，才能流露出真正的女人味。否则，再好的化妆品，再美丽的服饰，也会像廉价香水一样令人难以忍受。

太多女人不敢做真实的自己，因为她们认为真实的自己会没有人爱,没有人接受。这是来自童年的诅咒:父母无法爱我们本来的样子,因此我们必须假装不是自己,活出他们想要的样子来屈从于他们,摇尾乞怜之后才能得到认同和爱。现在我们长大了,不需要父母和他人的认同也可以活下去,所以可以试着不让这种错误的行为模式来继续左右我们。

活出真实的自己需要付出一定的代价。你必须首先爱自己,做自己最好的朋友、情人,愿意冒风险去说实话,做自己真心想做的事,而不需要戴一个假面具。这样做虽然有一定的难度,但是我相信,如果有这样的意愿,并朝着这个方向前进,你就会逐渐摘下你的面具,从而活得越来越真实。

可以做狠事，
但不能说狠话

> 任何时候，我们都不要说强势的话，不要说狠话。当需要为自己划定界限的时候，就用行动表示。换句话说，要忍得住一时之气，然后还是去做你喜欢做的事。

以前，我在受情伤的时候，去请教过我的一个朋友。不是因为他修行有多好，或者是什么大师，他就是一个普通人，但他在某些方面情商特别高。

这个朋友教我：在亲密关系中只能做狠事，不能说狠话。我觉得这简直戳中了我的命门啊！平时，大家都知道我很会说话，嘴巴厉害，情绪上来的时候，往往会对一件事情毫不留情地加以评判，尤其是一个人做错事或是有一些不好的心态，我总是可以一针见血地指出来或者攻击对方，现在想起来，其实这是非常不好的习惯。

当跟亲密伴侣发生龃龉的时候,我虽然会说一些不适当的狠话,可实际上我是说到做不到的。对方一看就知道你是一只纸老虎,知道你是个只会说狠话,却不会做狠事的人,所以他绝对不会去改变自己,而且会变本加厉地纵容自己的本性,最后两个人势必走上分手的道路。这是我在亲密关系中一再受到挫折,痛定思痛检讨出来的。

其实在亲密关系中,我一点都不强势。无论是生活层面还是两个人的互动层面,我都做出了很大的让步。比如要去哪里度假啊,去什么餐馆吃饭啊,什么时候出发啊,去多少天啊,这些我通常会跟对方有商有量,互相尊重。而且大部分时间,我都会顺从对方的要求,自己并没有很强烈的意愿和主张。但是因为我平常说话的时候会不由自主地强势起来,所以会让别人以为我是一个强势的女人。因此,我需要学习的就是不要强势地去说话。

记得以前有一个朋友,跟她在一起的时候,因为她睡眠不好,所以我们一起出去旅游的时候,都是尽量睡两张床,这样我翻身的时候就不会打扰到她。我们有时候去那种比较好的民宿,真的只有一张大床,没有办法分床睡,我就会跟民宿的老板说:"可不可以给我一张床垫,我睡在地上?"

很多人可能会觉得我这样很委屈,可我自己并不觉得,因为我那个朋友个子高大,那么大的床,当然给她睡,而那张床垫比较小,当然是由我来睡,而且我并不介意睡在地上。

我常常说,别人跟我在一起相处十分钟,就把我所有的缺点看透了,可是我还有很多优点,需要别人慢慢去发掘。像我这样的人真的就比较吃亏,因为很多人看到你说话比较强势,就会有点害怕,不想跟你深交。即使是朋友或是亲密伴侣,他们也常常会因此觉得受伤。但实际上我为他们付出得非常多,也非常包容他们,但是就因为嘴巴厉害,吃了很多亏。

一路走到今天,我想跟大家分享的就是,任何时候,我们都不要说强势的话,不要说狠话。当需要为自己划定界限的时候,就用行动表示。换句话说,要忍得住一时之气,然后还是去做你喜欢做的事。

比如,如果你觉得每个周末都要跟老公回去看公公婆婆是一件令你非常抓狂的事情,可是你又不便直接说不去,这个时候你就可以试着轻松地跟老公说:"我这个周末要跟闺密出去玩,所以没有办法回去看爸妈了,你代我问他们好,下周我们再一起回去看他们。"可能你老公一开始会暴怒,公公婆婆也都会不高兴,甚至下次你们回去的时候还会给你脸色看,让你害怕。但你就安心地坚持做自己,如果你老公骂你,你就走开不理他,不要觉得理亏。下一次回公婆家的时候,他们如果给你脸色看,你也安心地做自己,不去看他们的脸色。然后再下一周还是不回去,就这样让他们知道,这是你的权利,你没有必要把自己的每个周末都花在陪伴他们这件事上面。

如果你觉得自己没有什么朋友,每个周末都好期待回去陪公婆,那你当然可以听老公的话。但如果说你不想去,内心抵触,那我就建议你心安理得地做自己想做的事，因为只有心安理得地做自己，让自己快乐，你才能向周围的人展现出最好的自己，成为他们最好的陪伴。

我希望大家都能够在自己的心里找到那片乐土，心安理得地做自己。

善良的你，
如何让对方不设防

我们需要在生活中带着意愿去观察、理解对方，并且有觉知、有意识地去满足对方的内在需求。

设身处地理解对方的感受就好

很多夫妻、伴侣，终其一生都未能走入彼此的内心。当然，极其敞亮、愿意分享自己的内心世界的人也是不多见的。因为当我们还是天真无邪、完全不设防的孩子的时候，就开始被其他人不断地伤害，最终我们每个人都发展出了自己的一套防御机制，使我们的内在变成了一个被压抑的、任性的、自私的孩子。平常我们装模作样，假装自己是个大人，为人处世有章法、有条理、有理性；可是一旦情绪爆发，这个孩子就会跳出来，肆无忌惮地搞破坏，任性吵闹，自以为是，留下一堆烂摊子，让成年的我们在羞愧和自责（也可能是自圆其说）的情绪中收拾残局。

所以，想要走进一个人的内心，最重要的就是能够接纳他的这个内在的小孩。尤其是当他开始跟你分享一些心事的时候，你的态度是什么？是指责（批判）、嘲笑，还是不在意？还有一种最糟糕的回应方式，就是给出建议，提出解决方案，让对方反而有下不了台的感受。

其实，最好的态度就是以非常理解的方式去倾听，什么都不用说，只要设身处地理解对方的感受就好，也就是运用同理心。同理心的表达方式其实很简单，有的时候你只要重复对方说的话就可以了。当然，适当的时候你也可以这样说："哦，那样真的很残忍。""哦，那样真的挺令人难过的。""哦，这样啊，难怪让人不舒服。"你不用去加重他的感受或是为他的情绪命名，除非他自己说出来了，否则他可能会立刻启动防御机制，说："哦，没有啊，我不难过。""没什么不舒服，不就这样吗？"

对自己和对方绝对诚实

另外一种走进别人心里的方式就是对自己和对方绝对诚实，而诚实是会传染和相互影响的。如果你能够打开自己的心，分享自己最脆弱、最真实的一面,对方就也能够如此回应。不过这个功夫就要靠自己修炼了。你是否愿意面对自己内在那个不堪的、黑暗的、脆弱的、无助的、卑鄙的、忌妒的、自私的小孩?他只是你的一个面向,你越是愿意去承认他、拥抱他,并且在你的心里给他一个合法的位置,就越能够消融他的力量,不让他做你的主人。给他一个合法的位置,意味着每当他出现的时候,你能够如实地观照他,不去批判、否认,而是以中立的立场看着他。

另外,不要只是满足对方的外在需求,否则你就是最容易被取代的。能够知道对方的喜好,并且投其所好,这是很重要的。我们需要在生活中带着意愿去观察、理解对方,并且有觉知、有意识地去满足对方的内在需求。

一般来说,每个人的内在需求都是被理解、被接纳、被认可,尤其是在做错事的时候,如果能够得到宽容和原谅,那感激就不是用言语可以表达的了。

比如有一次,我推荐以前的爱人去上一个个人成长课程,他中途上不下去就离开了。回来之后,他觉得很难跟我交代,在述说他为何要离开的时候,我感受到了他的羞愧。我告诉他:"没关系啊,这种事情不能勉强的,上不下去就算了,没关系的。"我可以感受到他的释怀,本来他觉得心口很堵,不知道如何交代,我的理解让他立刻放松下来了。当然,我这么说的前提是我不是想要借由让他上课来改变他,我没有这样的目的。另外,我也不在乎别人说:"哦,德芬姐以前的爱人上个人成长课上一半就走了。"我不觉得这有啥丢脸的。也就是说，如果你把自己的需求、面子、目的等加在你爱的人身上，那么你要的东西就会比他的感受来得重要。这样的话，抱歉，你是走不进他心里的。

有内涵的人一定吃过苦，
但吃过苦的人不一定有内涵

> 所有的艰苦考验，都只是为了让我更加自由……有内涵的人一定吃过苦，但吃过苦的人不一定有内涵，也不一定能够成长、成熟。这主要看你受苦之后，是否能向内看，把自己看清楚了，修正自己，而不是外境。

一次长途旅行后，我回到了台北，也不知道为什么和唯一还在联络的初中好友约了第二天吃饭。

她是我当年班上唯一比较亲近的朋友，因为我年幼时的那种傲慢、嚣张是非常惹人讨厌的，但我自己都没有觉知。而她的个性比较软弱，在强势的妈妈面前极其讨好以求得生存，所以当时跟我可以交朋友。但是这两年她终于醒悟了，开始拒绝强势母亲的控制和剥削，春节也不回家、不打电话，这是一个长期被压迫的孩子的正常反应。

不过，这次一坐下来，她就开始抱怨和邻居的纠纷，这些都是在我看来毫无意义、层次很低的负面的东西。我试着告诉她，她对邻居太太的感觉，其实是对母亲的感觉的延伸，因此现在主要还是要修复和母亲的关系。但是她听不进去，又开始抱怨她弟弟，负能量之强，让我很不舒服。我当时觉得：我大老远从印度回来，跟你开开心心地吃顿饭，为什么要当你的情绪垃圾桶？我跟她说了自己的感受，她大概是正在气头上，无处可发，就翻脸了。从小时候的旧账到我吐槽她迟到，嘲笑她是豪门怨妇，她一直怨气冲天地骂我。

要是以前，我真的早就翻脸走人了，何况是这种负面的东西，我才不接受呢！你看，我以前的想法充满傲慢，没有慈悲心。但是这次我没有发作，只是好言好语地和她解释。然而，她就像一个不讲理的泼妇，连一句稍稍不那么正面的如实反馈（我说她没有时间观念，因为她每次都迟到），她都非常生气，无法接受。当然，她更不能接受我说她是豪门怨妇（日子过得非常好，却一点都不快乐，怨气冲天）。我忍着气，坐在那里看着她，接受她的辱骂，看着自己的小我遭到挫败，进而萎缩，不求赢，只是承受。

我当时其实是想用这个经验来为自己未来的亲密关系练手铺路。如果能接受在争执中不求赢，而是让对方出出怨气，然后慢慢和解，我期望未来我的亲密关系能不再痛苦。最后，她骂够了，终于冷静下来，还是很珍惜我这个朋友，虽然没有道歉，但是她的态度就是希望和我继续做朋友，我也欣然同意了。

不过回到家，我便开始检讨自己。她骂我的话，其实很多不无道理。平常没有人会对我说这些难听的真话，所以即使是在气头上说的，也很可能是真的。我身上真的是隐约有一股傲慢气、优越感，一般人平常可能不会觉出来。但是，像她这样自卑，一直被母亲踩在脚下，现在好不容易要翻身抗争的人，我的每一句话、每一个眼神对她来说都是嘲弄和轻蔑。

我于是打电话给我北京的闺密，问她我有没有这些问题。她认识我20年了，也是一个性格非常温和的人，不知道是不是受了我20年的气。我想了想，有点羞愧，就真诚地跟她道歉。但是她说她并不觉得我有像我同学说的那种高高在上，把别人踩在脚底下的轻蔑的感觉。从这点可以看出来，我同学因为母亲那样对待她，就不自觉地把那些感受投射到了邻居、好友、同学的身上。

北京的闺密因为不自卑，所以不会感受到。不过，趁我态度良好地跟她道歉的时候，她还是说了一些我让她不舒服的感受。她很敏感于我因为对她付出太多，有时候会做出一副"你也应该帮我"的嘴脸。我想也是。不过，对闺密来说，这种感受与她小时候的经历有关。

结论就是，每个人的烦恼和看事情的角度，都和小时候留下的印记、养成的模式有关。不过，这并不能让我们推卸责任，说因为这是你的问题，所以我没问题，不需要做检讨和改变。我身上一定有让她们不舒服的特质，才会勾起她们小时候的痛，这是毋庸置疑的。

像我们这种年纪的人,身边往往很少有人会说真话了。即使是你的亲密伴侣,有时也会因为不想冒与你起冲突的风险而选择不说,或者你的伴侣早已经死心了,知道说了你也听不进去,就只好装聋作哑。

所以,把和朋友、爱人之间吵架的内容拿出来好好检讨自己,其实也是一个修行的捷径。否则,无论你修到什么境界,上了多少课,拜了多少大师,如果你没有勇气好好面对自己的内在被其他人勾出来的阴影的话,就不算是真正的修行、成长。

而深入检讨、忏悔以后,我会觉得心里有一块坚硬的地方松动了,情绪上感到久违的轻松,慈悲心、包容度也都见长。

我很感谢老天一路的指引,让我能够不断地成长,没有舒服过了头。所有的艰苦考验,都只是为了让我更加自由。

最后,和大家分享一段话,作为本文的结尾:

有内涵的人一定吃过苦,但吃过苦的人不一定有内涵,也不一定能够成长、成熟。这主要看你受苦之后,是否能向内看,把自己看清楚了,修正自己,而不是外境。

中 篇

爱得刚刚好

真正的爱，是永远都把自己放在第一位

CHAPTER 4

爱之慧

真正的爱，就是不以负面情绪回应所有的人、事、物。

如果你看到自己的怨憎心又生出了，

看到自己又在以负面的方式解读别人的行为了，那就如实地去接纳。

请别把存在感和安全感都刷在你爱的人身上

> 真正的爱,是永远都把自己放在第一位——我自己先舒服了,才有资格说我爱你。

现在有一种观点:所谓的爱,其实是一种依赖。说这话的人会觉得在这个世界上,其他人都让自己没有安全感,于是会把自己所有的存在感和安全感都刷在一个人身上。

现实生活中,我看到有很多女人都是这样——把她们的安全感和存在感刷在父母或者孩子身上,所以即使父母很老了,身体不行了,甚至自己都60多岁了,还抓着父母不放。有些人是拿孩子来刷存在感,给孩子很多压力,希望他们有所成就,因此会逼着他们去学奥数,让孩子十八般武艺样样精通,一定要考上重点学校,等等。

我之前亲密关系出问题，其实也是出在刷存在感上。我在亲密关系中寻求小时候没有被父母满足的情感需求，但是这些需求其实应该在成长的过程中，用其他更多、更好的方式来满足，而不应该一股脑儿推到亲密关系当中。

有些人一旦投入自己的事业或是自己的兴趣，没有感情生活也照样过得很滋润，因为他们的情绪波动和情感需求不是来自亲密关系的另一半。比如说画家，当他投入自己的创作时，会觉得有没有感情依靠都是无所谓的。但我就是会把我的情感需求放在另一半身上的那种人，所以才会在亲密关系上出那么大的问题。

我们美其名曰爱别人，但其实是一种掌控，以及对安全感的抓取。很多时候，因为我们自己不会找奶吃，所以需要别人喂。而喂的那个人就很倒霉了，我们却美其名曰爱——因为我爱他，所以我无论如何不能失去他，所以他应该怎样怎样；我为他付出了那么多，所以他应该怎样怎样……

其实，这都不是真正的爱。真正的爱，是永远都把自己放在第一位——我自己先舒服了，才有资格说我爱你。我自己都不快乐，却说"我希望你让我快乐，我希望你……"，这样的爱就成了索取，而不是真正的爱了。

亲密关系是人生最好的修行道场

当我们能够找到自己内在的那份爱,就不会不断地想通过亲密关系来疗愈内在的伤痛。否则对双方来讲,那都是一种折磨。

  你跟父母的关系,可以检验出你这个人成熟与否;而你跟亲密爱人之间的关系,可以检验出你这个人到底有多爱自己,有多了解自己。因为你的爱人就是一面镜子,映照着你最不想看见的自己的那个部分。

  为什么恋爱开始的时候很甜蜜?因为很新鲜,你在他身上看到的全部是美好的东西,他在你身上看到的也都是美好的东西,两个人一起在那儿做美梦。可是渐渐地,当两个人熟悉以后,事情就往相反的方向走了。以前是黄金投射,把最美好的幻想放在对方身上。

现在是阴影投射,把自己不想看到的东西或者不喜欢的东西投射在对方身上,并且放大好几倍。不过这个时候就是最佳修行时刻了,亲密关系是最好的修行道场。

对每个人来说,走过这一关都很不容易。我常常听太太们说:我成长了,我修行了,他还在那里做他的大老爷,他还在那里做他自己,我该怎么办?

说这话的人,其实你没有真正接纳他,你没有真正回到自己身上。我的建议很简单,把你对对方的关注和期望全部收回来,关注你自己。

你对他的很多期望,其实对他来说是不公平的。通往坟墓的道路是由期望铺成的,有期望就会有失望,然后你就会指责他:"你明明可以这样做,为什么不这样做?你为什么要这样对待我?"

怎样收回期望呢?你要真真切切地意识到,所有的问题源于我们自己的内在:我之所以对他有这样的期望,是因为我内在还缺乏一份稳定的爱,小时候父母没有给我,现在我才是唯一可以给自己这份爱的人。

和爱人分手以后,我跟我自己内在的伤痛,那种被抛弃、被背叛、被无视、孤独、伤感的感受待在一起。我一个人在房间里,蜷曲在床上,变成婴儿的状态,抱着自己。我开始不自觉地叫着一个人的名字,当然不是他的,我叫的是妈妈。"妈妈,妈妈……"我心里可能还是觉得妈妈没有以我想要的方式爱我,我有欠缺,我想在爱人身上来弥补我的遗憾,这对他是不公平的。

我母亲现在年纪已经很大了,她很爱我。如果我叫她,她一定会抱着我,可是那种欠缺现在没有办法弥补了。唯一可以弥补我的,唯一可以给我想要的那份爱的人,是我自己。在那个当下,我不再逃避,不再大吃一顿,不再血拼,不再打电话跟闺密哭诉。我就留在那个伤痛里面,像母亲那样全然接纳和爱那个"小女孩",抱着她说:"德芬,我在这里陪伴你。"

当我们能够找到自己内在的那份爱,就不会不断地想通过亲密关系来疗愈内在的伤痛。否则对双方来讲,那都是一种折磨。

真爱如何测量

真正的爱,就是不以负面情绪回应所有的人、事、物。如果你看到自己的怨憎心又生出了,看到自己又在以负面的方式解读别人的行为了,那就如实地去接纳。

爱一个人,如何知道他的人品底线

倡导"一念之转"的拜伦·凯蒂老师在《喜悦无处不在》这本书中讲过一个故事。

凯蒂去探望一个癌症晚期的好朋友,朋友很感动,跟凯蒂说"我爱你"。这个朋友曾要求凯蒂永远告诉她真相,于是凯蒂摇摇头,跟朋友说出了真相:"不,你不爱我。在你爱你的肿瘤之前,你不可能爱我。"

确实，当我们无法去爱所有的人、事、物时，我们就不能说我们可以真正地爱。

这个观念非常有挑战性，我刚听到的时候也无法接受。不过后来经过我在生活中的观察，以及对人性的探索和理解，我发现它的确闪耀着真理的光辉。就像《当下的力量》的作者埃克哈特·托利说的：我们如果瞧不起一个清洁工，对他没有敬意，那么当一个董事长失势时，我们对他的脸色可能也会改变。

我为什么建议大家在谈朋友的时候，应该多去看看对方是如何对待他的前任的。如果他的前任对他非常有意见，甚至再也不愿意与其相见，而他讲起前任也是不屑的、负面的，你千万不要傲慢地以为，这是因为他的前任不够好，人不够善良，他不够爱他的前任，才会这样对她，而因为你够好，够善良，对他特别好，他也比较爱你，就会对你态度不同。这实在是痴人说梦。

当你们发生冲突的时候，当你损害到他的利益的时候，你再去看看他的嘴脸，一定和他对待前任的如出一辙。

一个人的处事方法、对人的态度是非常难以改变的。除非他在修行，有觉知，看到了自己的问题，并愿意改变。否则，他的本性如何，在关键时刻都会显露出来。

也许你们之间有一些脱不开的关系，比如他真的特别喜欢你，你们有孩子或者有事业牵连，你对他未来"有用"或曾经有恩……

但我想说的是，不要对改变一个人存有妄想。看清楚他对他不喜欢的、没有帮助的甚至损害他利益的人的态度，你就知道这个人的人品底线在哪里。

真正的爱，
就是不以负面情绪回应所有的人、事、物

我曾经在微博上说过一句话：真正的爱，就是不以负面情绪回应所有的人、事、物。比方说得了癌症，一个真正有爱的人，不会去批判这种病症，只会看看其中蕴藏的礼物和需要做的功课是什么，该做化疗就做化疗，该做手术就做手术，该吃药就吃药。

从上面这个标准来看，我们几乎所有人都没有能力真正去爱。我正在朝这个方向努力，因为我知道，如果我对一个冒犯我的人、损害我利益的人不能持中立态度的话，总有一天我对我爱的人也会是这样，我无法真正无条件地去爱一个人，而我希望自己成为一个真正有爱的人。所以，就拿那些在自己的生命中碰到的讨厌鬼或是"怨憎会"的人来练手吧！

我常常看我微博里面那些骂我的人的评论（其实骂我的人够少了，而且一有人骂我，就有其他网友出来回应并维护我），这是我修行的方法之一：看到攻击或是让我觉得不顺眼、不舒服的话语时，

我要心平气和,并且给对方祝福。

曾经,我每次受到伤害都用攻击的方式去回应。在亲密关系惨败以后,我知道我必须好好修正这个习惯。

真正的爱,就是不以负面情绪回应所有的人、事、物。如果你看到自己的怨憎心又生出了,看到自己又在以负面的方式解读别人的行为了,那就如实地去接纳。只要这样保持虚心的态度,相信我们生活中的很多冲突和纠结都能够被化解。

谦卑为你所带来的快乐,是超乎你的想象的。

亲密关系的撒手锏

最好的亲密关系就是对方原来是什么样子，就让他是什么样子，除非他自己愿意改变。在一起的时候，你俩重叠的这个时间段，彼此都是开心的就好。

不要以控制对方的行为来取悦自己

曾经，我跟前男友及一帮朋友去大理，本来在一张桌上吃饭，他却跑到另外一桌和一群男人抽烟去了。他平常是不抽烟的，我也很不喜欢他抽烟。他回到这边后，我就特别生气，当着很多人的面骂他，质问他为什么要抽烟。

当时他很不高兴，却没有跟我吵，而我也心安理得地当这件事就这样过去了。现在再想起这件事情，我觉得我欠他一个道歉，我当时不应该那样对他，那是不正确的做法，我却纵容自己那么做了。

那种做法严重侵犯了他的权利。后来他跟我说，他就是应酬，因为觉得跟一群男人在一起抽烟才像个男人，不想让自己显得好像有洁癖。

其实我也能理解，可当时我就是觉得：你怎么可以没有经过我的允许就跑去抽烟？我们之间太亲密了，我会忍不住跨越界限去控制他，以控制他的行为来取悦我自己，这是很不对的。

在亲密关系里"以控制对方的行为来取悦自己"的做法，是对亲密关系的绝对打击。由此我就想，人生需要修炼很多东西，从不知不觉修到后知后觉，再修到当知当觉，然后到先知先觉。可是很多时候，许多隐藏在深处的特别细微的问题我们看不见，只能把可以看到的先修完。

所以荣格才会说潜意识——你没有觉知到的东西——会成为你的命运。就是说如果你由着自己的性子、顺着自己的习惯模式去做事，没有觉知到更好的做法的话，就没办法改变自己的命运。

尊重彼此的界限

很多男人是非常需要有自己的时间和空间，需要独处的。但是以前我比较任性，会不自觉地去侵犯彼此之间的界限，因为我觉得亲密关系就是一体的，当我想要联结时，他就应该在那里。如果他心情不好，无法与我联结，我会感受到不被爱、被抛弃——我最害怕的感受，所以我会去侵犯界限，要他提供我想要的东西给我。虽然很多事都不是大事，但是一件一件细小的事最后聚沙成塔，导致我们的关系到了无可挽回的地步。

我不懂挤牙膏这件事为什么会让有些夫妻闹到离婚：有些人挤牙膏时要从底部开始往上挤，觉得是为了方便下一个用牙膏的人；但是另外一个人也许很随意，用的时候经常从上面开始挤。习惯从下面挤牙膏的人就想：我每天都从下面挤，方便你使用，你为什么从来就不替我想一下？这样一想，问题就延伸到很多别的方面了，矛盾就扩大了。

我觉得这个问题可以被很好地解决：一人一支牙膏不就好了嘛！你按照你的方式挤，他按照他的方式挤，这有什么大不了的，需要离婚吗？

其实在婚姻当中，导致双方不欢而散的大部分是小事，只要有一定的觉知和智慧，就都能够解决。有些人不见得有很高的觉知和智慧，可是他们能"忍"。君不见，多少后来幸福美满的婚姻，都是双方"忍"出来的。尊重彼此的界限，尊重彼此的生活习惯，包容彼此的性格差异，就能够化险为夷，渡过难关。

而我也看到在很多亲密关系里面，双方由于过于亲密，纠缠太深，以至于一起出去吃东西的时候，对方点什么菜都要干涉，这真的是太过了。最好的亲密关系就是对方原来是什么样子,就让他是什么样子,除非他自己愿意改变。在一起的时候,你俩重叠的这个时间段,彼此都是开心的就好。这种尊重对方原有生活方式的相处模式,才是感情长长久久的保证。

有拯救者情结的女人会遇到什么样的男人

这样的男人有一个共同特征：可能会在某方面有瘾，如酒瘾，又或者是容易沉浸在负面情绪里……总的来说，他一定有一些无法自拔的不良习惯，等待着被拯救。

我看过一本书，叫作《爱得太多的女人》，里面讲到爱得太多的女人的一些特征，我觉得跟自己非常相符：在亲密关系里，老觉得自己可以拯救对方，觉得对方这一生的潜能没有发挥出来，对方没有好好地被爱过，也没有好好地被对待过，所以会倾注全部心力去爱他、拯救他，为他带来更好的生活，想要激发他所有的潜能。

如我这般看起来好像比较有能力、资源比较广的女人，总有些自以为是，觉得可以成为对方生命中一个很大的加分项。

事实上，有拯救者情结或认知模式的女人，通常会碰到一个能吸取她不少能量的男人。这样的男人有一个共同特征：可能会在某方面有瘾，如酒瘾，又或者是容易沉浸在负面情绪里……总的来说，他一定有一些无法自拔的不良习惯，等待着被拯救。

这样的男人习惯负向思考，比较自卑，内耗非常厉害。这样的男人一旦碰上一个愿意当拯救者的女人，肯定会进一步纵容自己变成一个更无力的受害者，然后两个人就会形成一种长期的依存关系。比如说，我们常常看到有些有酒瘾的人，身边总会有一个对他不离不弃的女人，而且那个女人总觉得这个酒鬼没有她就不能活，她可以改变这个酒鬼的人生。她从这个酒鬼身上汲取了身份感和自我重要性，与对方在一起是各取所需。

《爱得太多的女人》这本书里讲，如果一个人和你在一起之前就处于抑郁状态，那么和你在一起之后，他可能暂时会从抑郁中走出来，而成年人的生命模式和轨迹都已经固定成形了，虽然你的出现表面上好像给他的生命带来了阳光，让他的生活有了转机，但没多久，他又会在你的身上找到让他抑郁的点，于是他会再度抑郁。

也就是说，如果他当初的抑郁是别的原因造成的，那么以后他也会因为你的某种言行，又开始陷入抑郁这种类似上瘾的情绪。其实，酒瘾、毒瘾难以戒断是同样的道理。

在亲密关系里，爱得太多的女人往往会陷入一种行为模式：不断地付出，想要拯救对方，觉得自己可以为对方的生命带来不一样的转变，到最后把自己弄得精疲力竭，才发现对方竟然还是不能改变，就想要打退堂鼓了；但两人的依存关系已成形，拯救者情结会让女人一次又一次地抱有希望，重新投入，最终形成一个恶性循环。

　　我发现，真的是有很多女人，包括我，爱得实在太多，付出也太多，实际上就是付出爱来换取自己的存在感。

爱一个人很深，
其实跟对方无关

> 我们最容易受那些需人帮助的人的吸引，怜悯地认同他们的痛苦，努力解决他们的问题，借此舒缓自身的心理情结。

屡次在亲密关系中受挫之后，我现在知道，爱一个人那么深，其实背后是有原因的。那些原因在于自己，与对方无关。

我为什么在亲密关系中会爱得那么深？这源于我小时候一直想拯救我的母亲：小时候看到母亲过得很悲苦，我就想尽我一切的能力去"拯救"她——书读得很好，成绩考得很好，在所有参加的竞赛中都力争拿第一名……

我不断地通过这种方式去讨好母亲，做一个乖小孩让她快乐，可是，母亲始终没能快乐起来。

我慢慢长大，离开家庭，这个任务仍然没有完成。可是，驱使我去完成这个任务的能量、动力还在，所以我会不自觉地想找一个如我母亲一样的人去拯救。

然而这种拯救任务注定是要失败的，拯救不成，就会把自己变成受害者：我付出了那么多，对方怎能这样伤害我？成为受害者后，我又转而去迫害那个所谓的害我的人，两个人的关系开始恶化，并形成恶性循环，最后就相处不下去了。

《爱得太多的女人》中说：

> 我们最容易受那些需人帮助的人的吸引，怜悯地认同他们的痛苦，努力解决他们的问题，借此舒缓自身的心理情结。那些看似无助的男人之所以会吸引我们，主要便是因为我们内心深处，其实是强烈地希望被爱与看顾。
>
> ……
>
> 因为你无法再将父母挽回成慈祥可亲的保护人，你便转而追求在情感上一样不合适的男人，希望借你的力量去改变他。

我觉得这也算是一种成瘾吧，是比较病态的一种。

如果我们能够带着觉知，知道自己是这种有拯救者情结的人，清楚又小心地走入一段关系，那么事情可能还是有转机的。在这段关系中，当拯救者情结"发作"的时候，我们一定要能够及时阻止自己，提醒自己"爱到极致是放手"，随他去吧！

如何爱自己

爱自己其实就是一种把正能量倒回自己身上的做法。你越是抗拒某一种能量，那种能量就越会因为你施加的力量，变得更加强大和顽固。

我们每个人都知道要爱自己，那真正爱自己的方法是什么呢？我把它很具体地分为三个层面：

1. 和自己的思维相处。
2. 和自己的情绪相处。
3. 和自己的身体有所联结，爱自己的身体。

这三点没有先后顺序，都是非常重要的。

倾听身体的声音

在这三个层面当中，最好操作的就是爱自己的身体。你跟自己的身体到底有多少联结？你的身体每天有没有在动，你吃的东西是否健康，吃得多还是少，你的身体得到了多少锻炼、多少休息，你每天有没有听自己的身体在和你说些什么，我觉得这些都是非常重要的。

我们真的要学会倾听自己身体的声音。我见过一些习惯吃水果的人，他们很多都长命百岁。我有个朋友的爷爷就喜欢吃水果，现在 100 岁了，还可以走路，头脑也还算清楚。但是水果对有些人的体质来说过于寒凉，比如中医就叫我不要吃寒性的水果，我也觉得自己不适合吃太凉的水果。

跟自己的身体联结、真正爱自己的一个方式，就是在你的生活中每时每刻都去感受一下你的身体是什么样的状态，这很重要。如果你能够随时随地感受自己的身体，感受身体的振动频率，那就说明你是和自己有所联结的，你跟自己的内在也是有所联结的。

我们常说要活在当下，其实和自己的身体联结就是活在当下。你此刻就可以试试看：当你闭上眼睛的时候，能不能感受到自己的左脚在哪里？它此刻的感受又是什么？这就是回到自己内在的一种方式。

我们经常说爱别人之前要爱自己，可是如果你不能回到自己的内心，不能跟自己的身体联结，总是希望得到他人的赞赏，把眼光投向外部去索取，你就得看别人的脸色过日子。

呵护内在的情绪

第二个爱自己的层面是关于我们的情绪的。情绪就像一个小孩子一样，需要我们的认可与面对。

情绪需要我们去看到它，承认此刻我的情绪很沮丧，当下的我觉得很愧疚，现在的我觉得很自责。

根据能量守恒定律，情绪会来，它也会走，所有的东西都是来来去去的。比如五年前非常困扰你的事情，现在还会困扰你吗？人生有很多事都是在不断变化的，但是我们人都有一个很重要的特性——趋乐避苦，这其实也是让我们受苦的特性。每个人都想要快乐，每个人都不想要痛苦，所以一碰到痛苦，就像手碰到火一样，"哇"地跳起来，大喊救命，说自己一定要快乐，自己不能待在痛苦的状态下，等等。

有时候，我们需要体验痛苦这种状态，允许自己在这种状态下，带着一颗谦卑臣服的心，不用任何花招和取巧的方式去面对情绪、接受情绪。试一试，看你的感受会不会改变。

爱自己其实就是一种把正能量倒回自己身上的做法。你越是抗拒某一种能量，那种能量就越会因为你施加的力量，变得更加强大和顽固。面对情绪时，我们要学会和它安然相处，也就是接纳它，允许它燃烧我们。

我们真的不能太忽视自己的情绪，我们要去包容自己的情绪，就像包容我们爱的人一样。如果我们不包容情绪，就很有可能会被情绪影响，从而做出一些不理性的事情。

爱自己不是拒绝别人的所有要求，不是不去感受任何情绪。爱自己是为自己划清界限，不让别人侵犯，与此同时，愿意和自己内在不舒服的感觉在一起，把情绪当作自己的孩子，去接纳和包容。

当你学会和自己不喜欢的情绪相处，你的人生会更加自在，你更容易成为一个快乐、自信的人，这才是真正的爱自己。

学会觉察自己的不良思维模式

还有一个爱自己的层面，就是觉察自己的思维。能够回到自己的身体和内心之后，当不好的情绪来临之时，你要学会退后一步，去检视这种情绪和思想。我们会不由自主地把别人的行为和一些事情，用自己从小到大形成的思维模式去诠释。而这种诠释，只会带来更多我们不喜欢的负面情绪。

比方说，一个人是怕打扰你而不来找你的，可是你可能会将其诠释为"他不想念我，他不在乎我，所以他不来看我"。

很多时候，思维模式会给你找麻烦，什么时候你可以清楚地看出自己思维模式的谬误，你才有能力去改变。

我们的情绪就像电台，有时候怎样调都调不过来，其实情绪受制于我们的想法。我们的思想每天都在非常密切地关注我们，它也在掌控我们的喜怒哀乐。一件事情你怎么想，决定了你怎样去看待它，也决定了你接下来的情绪反应。这些都发生在电光石火间，所以我们很少有意识要去检视自己的思想。

当你陷入负面情绪时，你就知道你的脑袋里面一定有一些负面且错误的思想在影响你，让你不能快乐。

比方说，我有一次要到日本的屋久岛去爬山，因为天气原因，飞机无法直接降落，就降落在鹿儿岛，我们必须换乘大巴去港口坐船。当天海上风浪很大，同行的一个女孩晕船，吐得很厉害。

好不容易上岸了，我心想：这个时候我早就应该在酒店里泡温泉了，可是现在才到，真是折腾啊！当然，这么想的结果就是非常郁闷。可是那个晕船的女孩说了一句话，让我永生难忘，她说："这趟旅程好值啊，我买了一张飞机票，不但坐了飞机，而且坐了大巴，还搭了船，真的好值啊！"我不禁佩服她正向思考的能力，正向情绪也被她带回来了。

很多事情，只要我们能够扭转自己的想法，去做一次正向思考，那朵乌云就会被镶上金边，事情自然会往好的方向发展。

CHAPTER 5

爱之术

没有人是为你而造、等着你、可以完善你、让你永远快乐的。

如果有，那这或许是个童话。

我们喜欢童话，希望生活中发生一些神奇的事情，让我们生命圆满，永远快乐。

即使找到在身体上、思想上和你相配的人，

你也要在自己身上努力，要改变，因为还有功课等着你学习。

把一切交给时间去决定

在亲密关系中,任何一方都不要在争执最激烈的时候做任何决定,说任何狠话、气话,而是要冷静下来,给自己一点时间,让时间给自己一个结果。

不要在争执最激烈的时候做任何决定

在生活中,我常常看到有很多人的亲密关系貌似维持不下去了,可是只要双方能够停止斗争,各自返回"老巢"去休养生息,拉开一点距离,留给彼此一段时间,过后慢慢再回头去看,就会有不一样的眼光和感受。

我有一个朋友,她的亲密关系已经破裂到无法修补了,而且双方都有了外遇。然而即使这样,后来大家还能看到他们在微博上晒幸福。他们是怎么做到这一点的呢？我觉得就是时间。

婚姻出了问题，暂时不要去处理它，不要在情绪刺激下做任何决定。比如一方说要离婚，那另外一方就暂时不要答应，先放着，等待时间让事情慢慢演变。

我还有一个朋友，她的先生不怎么负责任，每天都玩到深更半夜才回来，对她也不是很好。大家都知道他花名在外，但她也没去管。后来，这个朋友碰到一个很好的男人在追求她，慢慢地这两个人就在一起了。但这个朋友有小孩，婚姻之所以能维持也就是因为这个。虽然追求她的那个男人对她很好，一直要求她离婚，但朋友当时考虑到孩子才几岁，一直犹豫着做不了决定。慢慢地，她觉得这个男的给她带来很多压力——他一直催着她离婚。她就想：如果离了婚跟这个男的在一起，自己的生活会不会比现在更快乐？

随着时间的推移，她清楚地知道结果不会有什么不同，因此决定回到自己的婚姻中去，而她老公也接纳了她，于是两个人和好了。

我觉得这就是时间的问题。当然，他们也可能开诚布公、推心置腹地谈了很多次才决定走到最后。

像这样的例子有很多：丈夫、妻子都有外遇，然后两个人为了孩子又回头在一起了；当妻子生病了，丈夫去照顾她，丈夫生病了，妻子也去照顾他，最后双方发现，还是这种结发夫妻的感情比较坚固，两人能相互扶持着走下去。

我觉得，在亲密关系中，任何一方都不要在争执最激烈的时候做任何决定，说任何狠话、气话，而是要冷静下来，给自己一点时间，让时间给自己一个结果。

但是话又说回来，有些亲密关系是真的不行了，那人跟你的缘分可能就是这样了。他坚决要离婚，你给了他一点时间之后，他还是要离，而你心里可能也觉得一个人过会更快乐一点，那就干脆放手好了。我觉得在这种情况下放手，还能够从这段破裂的关系当中学习和成长，让自己的心更宽，看世界的眼光更广阔，更有包容心，更加谦卑，更加感恩。

如果还想拥有一段亲密关系，觉得那样能让自己变得更好的话，那这段亲密关系会在适当的时候到来，可能会带给你更好的体验。到时候你会发觉：当时怎么那么傻，死抓着原来那个男人不放，现在这个好多了！

总之，重要的是跌倒了、受苦了、受伤了以后，一定要从中学习和成长，这样我们所受的苦、所受的伤才是值得的。

在亲密关系中，
通往地狱的道路是由期待铺成的

期待，就是对对方给予我们儿时从父母那里没能得到的关爱、关注等抱有希望。在亲密关系里，抱有这种念头对对方是非常不公平的。我们不能因为自己从小缺乏这些，就要对方来弥补——如果带着这种期待走进亲密关系里，那是注定要走入岔路的。

以前，我不能容忍一段亲密关系中有任何瑕疵，我会觉得这样的关系继续走下去是在浪费自己的时间。经过很多事情以后，我的想法改变了。我认为，如果真心爱一个人，就应该多给对方一些时间和空间，等一等，看一看，不要轻言别离。

现在有很多读者写信问我："我老公有外遇，跟我提离婚，我该不该离婚呀……"我都会告诉她们："如果你想要挽留这段婚姻的话，就不要哭、不要闹——就算要哭闹，也是自己一个人哭闹，不要让对方知道。不要立刻答应和他离婚，也不要为了报复什么的去离婚。先冷静下来，然后跟对方说，给你一年的时间，或是给你一段时间。接下来你该干啥就干啥，并利用这个机会来看自己，让自己成长，也给对方一点时间去缓冲一下。"

有时候，男人就是在婚姻里过惯、过烦了，突然有个外遇的刺激，他便会产生极大的新鲜感。加上男人通常耳根软，有时候第三者给他压力，他就会忍不住提出离婚。

其实，对一个男人来讲，离婚的社会成本、情感成本、面子成本等各方面的付出都是非常大的。所以通常情况下，要一个男人坚决离婚其实是很不容易的。这时候，我觉得女人可以稍微缓一缓，让这个男人能够沉淀下来，想清楚这段婚姻到底是不是他想要的。我觉得两个人——尤其是有孩子的夫妻——最终能相扶到老，还是一件很美好的事情。

　　我以前觉得婚姻不能有瑕疵，如果双方都有外遇了，这段婚姻怎么可能维持到老呢？两个人怎么可能面对彼此呢？这可能是我比较天真的一个想法。

　　现在我看到这么多夫妻，经历过那么多的波折，最终携手到老，我就觉得能走到一起是值得珍惜的，也是值得鼓励的。

　　当亲密关系处于低谷时，给自己也给对方一段时间吧！因为时间是一个很好的检验真理和对错的标准。

　　当我回想以前的亲密关系为什么会遭受挫败时，我发现是因为自己不够包容，这也是我现在必须修炼和学会的。

　　我因为自己的亲密关系屡屡不顺，就去观察周围朋友们的亲密关系，我觉得他们给我的最大的感受就是：与他们相比，我的包容度不够。其实在亲密关系处于低潮期时，我应该学会等待。我看到很多夫妻一路走来真的不容易，吵呀，打呀，甚至双方各自有外遇，让外人瞠目结舌，都觉得他们应该是走不下去了。可是过几年再一看，他们居然就这么挺过来了，和好了。

　　我以前的一个同事讲过他那乱成一团的婚姻关系，听起来两个人简直是一天都过不下去了。可是后来他们的孩子大了，去美国上学了，他在脸书上晒全家福，又在朋友圈晒恩爱，我就觉得好像没有婚姻和亲密关系是不曾经历暴风雨的，我一下子就释怀了。

要远离那些"对外人好,对家人差"的人

遇到那些对家人特别坏而对外人特别好的人,我们能做的至少是在心理上拉开距离。

我曾经在微博上发了一段话,引起了很大反响,大意是:越是要面子、喜欢讨好外人来获得认同的人,对自己亲近的人越不好。因为能量都用到外面去了,面对亲人就可以放松,把不耐烦等负面情绪通通透透地展现。

那么多人回应了这段话,可能很多人都是"受害者"吧!

我就见过一个很奇怪的朋友在餐桌上和他的父母、公司员工、一个临时请的司机一起吃饭,他点了一堆菜后,他父亲轻声说想吃什么,他立刻厉声臭骂父亲说:"点那么多,等一下吃不完你们又

啰啰唆唆的，干什么？"当时我也在场，看到他父亲脸色一沉，不再说话。吃得差不多时，临时司机要下桌（可能去抽烟），他立刻柔声热情地说："吃饱没？不要客气啊！"我听了差点要晕倒。

后来，我问这个朋友："你为什么对自己的生父如此严厉、不给面子，对外人却如此好？"

他愣了一下，回过神来说："每次点菜吃不完，他们（父母）就会逼我们吃掉，说不可以浪费，我的员工会有压力。"

我说："你的员工是年轻人，受点压力多吃一点有什么关系？老人家不想浪费让你吃，你不吃就好。为什么你不希望自己的员工有压力，却让自己的父亲受气、难堪？"他无语。只能说他是个没有意识、没有觉知的人。在这种人身边是很辛苦的，只能和他保持距离。否则，他永远都会把最恶劣的那一面拿来对付自己最亲近的人。

遇到那些对家人特别坏而对外人特别好的人，我们能做的至少是在心理上拉开距离。如果是朋友，离远一点；如果是亲戚，也离远一点；如果是配偶，心理上一定要独立自主，也离远一点。

当你没有对方(父母、子女、配偶都一样)也能生活得很好的时候，你就会受到对方的尊重。不需要对方的赞赏、认同，甚至爱，那你就是最强大的人。最强大的人会被当成"外人"，受到尊重。所以，立足于自己的中心非常重要。

灵魂伴侣，
越完美越危险

没有人是为你而造、等着你、可以完善你、让你永远快乐的。如果有，那这或许是个童话……即使找到在身体上、思想上和你相配的人，你也要在自己身上努力，要改变，因为还有功课等着你学习。

"灵魂伴侣"的概念，其实很危险

我曾经很喜欢"灵魂伴侣"这个概念，因为这是很浪漫的：你在等待有人到来，然后奇迹般地完善你；或者你觉得有人和你完全相配，当你们在一起时，就会永远幸福快乐地生活下去。

"灵魂伴侣"这个概念，其实很危险，和"婚姻"的概念一样危险。别以为婚姻就是两个人交换戒指，一起解决问题，生儿育女，到死才分开，一辈子不用改变自己，按各自的生活方式生活。

对我来说，婚姻肯定不是这样的。婚姻是修行的最佳场所，是显示未知的自己，然后回归真正的自己的最好的道场，之后你会走出自己的舒适区，着手改造自己。

在大部分关系中，人们会越来越深地陷入舒适区，即使待在舒适区里同样会让自己感觉不舒服，也懒得做出改变。特别是那些将伴侣视为自己的一切的夫妻，因为你是我的，我就可以按自己的方式做事，反正你不会离开我；我就是我，要占主导地位，可以不尊重你。

许多人都这样，他们很强势，自以为正确，在精神上虐待伴侣。他们将伴侣的存在视为理所当然，以为伴侣不会离开自己，以为婚姻会天长地久。

对我来说，亲密关系是非常困难的修行功课，因为我必须面对自己，面对许多挑战。我知道自己不完美，而亲密关系会暴露我的不完美。我必须努力，不然我们在一起就不会快乐，这段亲密关系也不会公平、美好。

我必须着手改造自己，面对自孩童时期以来没有解决的问题，改变自己的负面信念和思维模式。我需要做许多事来改变自己，这样才能拥有一段美好的关系。

一段安全稳定的亲密关系能给你带来安全感和稳定感，但不能帮助你成长。外遇或是其他危机、冲突发生时，就是个让你成长的好机会。

不要相信所谓的灵魂伴侣

没有人是为你而造、等着你、可以完善你、让你永远快乐的。如果有，那这或许是个童话。我们喜欢童话，希望生活中发生一些神奇的事情，让我们生命圆满，永远快乐。即使找到在身体上、思想上和你相配的人，你也要在自己身上努力，要改变，因为还有功课等着你学习。

在没有伴侣的情况下，如果你感到不快乐，你就先要在自己身上努力，让自己快乐，否则即便有了伴侣，伴侣也不会让你快乐。有时候，我们会希望遇到一个有致命吸引力的人，能与你一见钟情并相爱，但这是最危险的情况。根据我所学到的功课，这意味着你有许多功课要做。对方越迷人，他带给你的功课就越多。

我们称这种伴侣为业侣（karmic partner），因为你俩之间还有没完结的业，所以你要和他一起处理大问题，经历亲密关系，他的任务就是治愈你。但你需要经历很多困难，之后才会被治愈。

愿天下痴情男女都能做好自己人生的功课，找到真爱。

不要相信所谓的灵魂伴侣、双生火焰，好像有一个人出现会拯救你于孤单无依，这是童话故事，不是真相。即使有这样一个人，他也是来考验你，教你人生功课的。

只有先做好这样的思想准备，等到那个人出现的时候，你才不会大失所望。

不要对人过度付出

没有人逼你付出，是你自己心甘情愿的。对方没有回应，或不知好歹、恩将仇报，都是对方的权利。我们必须看到自己的付出背后的真相，并且愿意去承担。

最近我有一个感悟：不要对人过度付出。

如果你付出成性，付出就快乐，那你就要学习如何付出而不求回报（很艰难的功课，我还在学习当中）。尤其是当你付出的对象只把感激放在心里，而在行为、言语上该怎么样还是怎么样的时候，不要觉得难过或是后悔付出了。

宇宙有一本公平的账，你得到多少、付出多少都是有数的。但是如果你的付出后面带着钩子（希望对方表示感激或者怎么样的），那么对方可能不会真正感激，这笔账也无法为你加分。

如果你是属于付出的一方，那么记得不要把自己的付出挂在嘴上，动辄"绑架"对方，让自己成为一个受害者。你不要认为自己为别人付出了很多，他们就会因为你的付出、他们得到的好处而改变自己的习性，或是为了你做出什么改变。他们忠于自己那机械的习性，该生气就生气，该背叛就背叛，不会因为你的付出而有所改变。

我有一个女性朋友，她爱上一个有妇之夫，对方一直离不了婚，她却硬是破坏了自己原来美满幸福的家庭，让男人心理上没有"阴影"。对方事业不顺，她倾全力帮助他，包括提供资金。生活上，她对他无微不至，为他打理一切，只要他有任何不顺遂之处，她就以自己三头六臂的功夫为他摆平。

男人后来事业失败，自觉羞愧，开始对她冷言冷语，心理上逐渐疏离。女人恐慌，不顾一切地想抓住他，但越是这样，两人的关系就越不好。最后女人再也无法忍受了，就像在股市里买了一只股票，一赔再赔，最后只能认赔走人。

男人受了女人那么多的好处和照顾，但他还是过不了自己那一关，该伤害女人的时候（虽然不是故意的），不会因为感激就改变自己的习性，珍惜这份得来不易的感情。对于女人的付出和牺牲，他选择不去看，去遗忘，免得让自己过于羞愧而无法正常生活。

对这个女性朋友，我只能说，你为一个男人付出这么多，一定是有目的和原因的。也许是业力（欠他的），也许是你虽然生活顺利、富足，却无法掩盖内心那个无法言喻的大黑洞。这个男人的出现让你上瘾，你掩饰自己内在的不安，用他来刷自己的存在感，而无法面对自己一个人时的空虚、无助、无意义和无存在感。

要知道，没有人逼你付出，是你自己心甘情愿的。对方没有回应，或不知好歹、恩将仇报，都是对方的权利。我们必须看到自己的付出背后的真相，并且愿意去承担。

把自己想要的说出来

如果你觉得生命当中欠缺了什么，可能就是因为你不相信你配得或是能够拥有。

真正想要某样东西，没有要不到的

我喜欢观察人，窥探人性。我常常可以看到很多不同的现象，了解人与人之间的差异。我于是更加确信，我们的人生，就是我们自己的信念塑造的。我观察到，那些真正想要的东西，没有要不到的，关键就在于你是否真心想要，同时敢不敢要。我最近发现，的确有好多人不敢去要东西。当然，我也见过那种极为饥渴，小时候奶喝得不够，现在到处讨奶吃的人。一般来说，敢要的人，几乎都比不敢要的人过得好。虽然那些非常敢要的人会让你敬而远之，可是他们的生活通常过得不错，也很有动力。

我就是一个比较敢要，也比较能接受别人付出的人。我对别人非常大方，我也很享受别人对我的付出。但是我观察到，很多人无法接受别人的好意、付出、馈赠，因为内心有非常严重的不配得情结。

有一次，在一个呼吸工作坊，我和一位漂亮妹妹一起做个案。当我温柔地抚摸她、给她按摩的时候，她完全无法信任我，无法放松。而当我移动她的脚的时候，她会自己出力，好像不好意思把脚交给我。

做完个案，我跟她说："你太难接受别人的付出了，你一定要放松，心安理得地去接受，否则自己会很委屈，而且一再付出，负面情绪也会累积，对身体不好，对人际关系更不好。"

她很惊讶，我怎么会从短暂的身体接触中就能碰到她的命门。其实这是非常明显的，她身上还带着愧对父母的印痕。我可以理解，她小的时候，父母一定常常用"羞愧感"来操控她，或是让她承担不属于她这个年龄的人应当承担的责任（比方说，为父母一方的痛苦、烦恼负责）。像这样的孩子，怎么可能好好享受她的人生，并且获得幸福呢？

除了上面这个例子，我们不敢去要东西还有一种情况：我们小时候非常脆弱无助，向大人求救，希望得到帮助，可是他们也许太忙了，无暇顾及我们，让我们一再失望。长久累积下来，我们会在自己小小的心灵中做出一个宣判或决定：一定是你不够好，你不配得，所以要了半天都没有。以后你就知道了，好东西和好事都没你的份，哪边凉快哪边待着去，别再要东西了。

因为不敢要，所以对方不知道

小时候的决定，影响了我们的一生。根据我自己的经验，那些敢于梦想，敢于说出自己想要的东西的人，几乎没有不成功的。然而，为什么有些人看起来也非常勤奋、努力，却屡屡失败呢？

其中的差别就在于：后者的内在是没谱的、匮乏的，他其实不相信自己的能力，也不相信自己会成功，但就是因为太自卑、太想要用成功来证明自己，所以非常努力。然而这种努力是没有底气的，因为内心深处的动力是想要证明自己不是一个失败者。这种人如果把座右铭改成"我是一个成功者"，而不是"我不是一个失败者"，那么他离成功就不远了。

这两种动力是差很多的。

"我不是一个失败者"，我要证明给"你"看。这个"你"，通常是父母，长大以后就变成了所有人。这种人在意别人的眼光，随别人的评判起舞，没有自己的中心。

而"我是一个成功者"是一种非常正向的信念。因为一旦你相信自己会成功，你的所作所为、所思所想，都会围绕这个信念打转。你使出的每一分力气，都会把你向上拉，而不是往下扯。

如果你觉得生命当中欠缺了什么，可能就是因为你不相信你配得或是能够拥有。

要如何转变自己的这个信念呢？

一开始，你也许无法立刻说服自己你是配得的，你也无法用一个念头就让自己相信你是可以拥有想要的幸福的。所以，最简单的捷径就是去要，厚脸皮地去要。跟谁要呢？跟最高力量。

可能很多人无法相信最高力量存在，其实也不需要去相信。但不可否认的是，小至我们每天生活、工作、呼吸，大至天体的移动，没有一件事情不是在以最高力量运作的。你真诚地臣服，真切地相信，然后理直气壮地去向把你带到这个世界上的那股力量祈祷，告诉它："既然把我带来，就得管好我的事。"把你的愿望告诉它，把你的梦想告诉它。其实它把你带到这个地球上来的目的就是让你好好地体验人生。你有权利要求更改你的信念——毕竟那些信念本来就不是你的，如果不合适，绝对可以要求更改。大胆地去要吧！

当然，我们要在生活中练习把自己想要的说出来，不要不好意思，硬着头皮说出自己的需要，看看别人如何回应你——尤其是那些亲密的人。也许你的生命从此就有了转机。因为很多人不敢要，所以对方不知道。累积久了就有怨气，对关系造成伤害。所以我认为，用适当的方式适时说出自己的需要，对所有关系都是非常健康的。

可以被宠，
但别让自己被宠坏

在亲密关系中，永远不要吃定对方，以为对方爱你就可以让自己退化成孩童模式，任性且不负责任。

亲密关系中被宠爱的一方，
容易退化成孩童模式

她和他认识十几年了。初相逢的时候，男的有女友，女的有男友，虽然彼此感觉很好，但就是没有缘分在一起。多年以后，他们在北京重逢，这次男未婚、女未嫁，都是自由身，就顺理成章地在一起了。男的年纪比较大，经济条件也比较好，非常宠爱女方。为了她，他改掉了多年的脚踏几条船的坏习惯——同时和几个女性保持随意的肉体关系。为了她,他终于动心想要结婚,甚至想生孩子了。她享受他的宠爱,辞掉了工作,在家里和他一起过小日子。

原本应该顺利发展下去的关系,却随着时间的推移发生了变化。她日日无事,开始沉迷于电玩,通宵达旦地挂在网上。男的要上班,无法陪她熬,只能每夜孤枕入眠。女孩心高气傲,说话常常不留情面,让男人的自尊招架不住,两个人开始不断地小吵、大吵。

有一次,男的约了一个女性朋友(可能是以前有过暧昧关系的)谈事情,耽搁了和女孩的约会。女孩特别生气,拂袖而去。他找到她的时候,她人已经跑到成都找朋友去了。

男人对她的行为非常不能理解,何况又是处在他公司要转型的最为关键的时刻。女孩和他闹,男人最禁不起闹,一闹就会烦,一烦就会想"不如结束这段关系",但内心又舍不得。由于交往几年争吵不断,男人当初想要结婚生子的热情受到了打击,迟迟不肯迎娶女孩。女孩没有归属感,于是求助了网络上的朋友。

在虚拟的世界里,我们很容易找到一堆现实世界里少有的朋友——有耐心的、很有爱的、无条件付出和支持的。女孩沉溺在这样的世界中不可自拔。男人一开始不能接受,但是后来也能理解了,女孩的生活没有重心,需要朋友,毕竟玩玩游戏还是比较安全的,于是勉强接受了女孩的行为。但是为了这件事情,两个人多次争吵,早已埋下问题的种子。

这次吵架,女孩出走,一开始男人狂打电话,女孩都不接。最后好不容易接了，男人问女孩："为什么要这个样子？"女孩说："我不高兴。"说完就挂了电话，让男人非常受挫，道歉也无济于事。

女孩的行为，其实是一种"退化"的表现——在亲密关系中，比较受宠爱的那一方，通常会无意识地退化成孩童的行为模式，不自觉地把对方看成自己的父母。更严重的是，被宠爱的一方还会不知不觉地把对父母的仇恨（多年累积的）都放到对方身上，要对方埋单。

在亲密关系中，永远不要吃定对方

女孩很显然在闹脾气，男人光是道歉都不足以消除她的心头之恨，可见她很难成熟地去承受自己的负面情绪。这样一件小事，勾起了女孩从小到大父母让她失望的种种仇恨。其实，她的行为举止和发生的事并没有太大的关系，而是她被男人娇纵之后变得任性、不讲理，退化成孩童模式，只是自己没有觉察到。

其实一旦有所觉知，她应该就能理性一点，退后一步去看整个情势：自己年纪也不小了，但仗着长得年轻漂亮，也许还能找到对象。但是，像这样条件好又真心爱她，而她也爱的男人，也不是很容易就能找到的。在亲密关系里，最怕的就是"不珍惜""理直气壮地撒泼，使小性子"。

男人要做的就是面对自己被女孩勾起的伤痛，并且用最成熟的方式和她好好谈一谈。与此同时，男人其实也要做好分手的准备。因为亲密关系走到这个地步或许就离尽头不远了，除非女孩能有觉知，愿意看到自己的任性骄纵而收收自己的性子，并且珍惜这份来之不易的感情，否则她只会越来越偏颇、任性。

在亲密关系中，永远不要吃定对方，以为对方爱你就可以让自己退化成孩童模式，任性且不负责任。被迫扮演父母角色的那一方也要承认自己的错误（过度迁就或付出），做好斩断情丝的准备。但是付出比较多的一方，通常会不甘心于自己的投入和牺牲竟然没有取得成果，所以会犹豫不决，狠不下心，这样其实会让被宠爱的一方更加不知分寸，不懂珍惜。有时候，情场如股场，在认赔走人的时刻，还是要有壮士断腕般的决心。

而对女孩来说，也许有一天真的结束了这段关系，她再去看看、试试别的男人，才会知道自己失去了什么。那个时候，希望她回头还来得及。

总而言之，在亲密关系中，双方一定都要为自己的负面情绪负责，并且愿意真诚、开放地和对方沟通自己的感受，而不是一味地责怪，或是用退化的行为模式来破坏双方的关系。

没犯错就不能分手吗

不要说每个人想要的都是快乐幸福。真相是,每个人都在逃避自己的痛苦。即使那个痛苦已经过时了,不能再为我们效劳了,大多数人也还是会选择逃避它,并为此付出巨大的代价。

　　我认识一位成功人士,他在老家有一个交往多年的女朋友,女人为他在老家照顾父母,有实质性贡献。他一个人在外打拼事业,名声不小。其实,他们两个人之间早已没有爱情,更别说性生活了,但他就是提不起勇气说分手。他碰到过自己的真爱,对方为了他离开了自己的家庭,想和他厮守,但这个男人就是一直逃避。

　　他的真爱问他为什么不能做决定,他说:"对方没犯错,我怎么能要求分手?是你俩缠着我不放的,我就看你们哪一个先走。"

　　没犯错就不能分手?不知道这是哪门子理论。如果这个理论成立，从此以后，敢谈恋爱的人大概会所剩无几。亲密关系中最重要的是两情相悦，在一起时，双方都感觉非常舒服。如果有一方不舒服，对方却不肯放手，那种爱就可以说是自私的、无情的了。

男人有一次很感慨地对真爱说："为什么我就不能好好地谈一场恋爱呢？没结婚却像结婚了一样要偷偷摸摸的，良心不安。"这个问题其实挺愚蠢的。为什么？因为这是你自己的选择啊！是你选择要做"好人"，牺牲自己真正的快乐幸福的，就不要再问为什么了吧！

最后，真爱走了，他和那个没有感情的老家的女朋友继续装作没事似的分居两地，偶尔见面。男人继续交女朋友，因为他条件好，总会有女人不介意做这种隐形"小三"。但是他永远不能理直气壮地面对自己所爱的女人，不断地在逃避那个已经无法同处一室的女朋友，继续耽误人家的青春。

不要说每个人想要的都是快乐幸福。真相是，每个人都在逃避自己的痛苦。即使那个痛苦已经过时了，不能再为我们效劳了，大多数人也还是会选择逃避它，并为此付出巨大的代价。

我还有一个朋友，她的男友和她交往不到一年就分手了。她非常生气，因为对方是以发微信的方式，一句"我们分手吧"就潜逃了。

当时，我不理解她为什么那么生气，一直使出各种报复手段"追杀"对方，并且愤愤不平，不停地抹黑对方。大家都是成年人了，交往一段时间之后，一方觉得不合适，难道就不能抽身离去吗？这是什么道理呢？

后来我才明白，原来是男方的分手方式让她难以接受。男方没有勇气跟她面对面坐下来，告诉她："我觉得我们真的不合适，所以请你理解，我必须和你分手了。"这话如果说得有底气，其实是不会那么伤人的。但是先提出分手的男人大多是没有底气的，对女人说这种话，似乎比杀了他们还要令他们难以忍受。

走笔至此，我只能说："女人，有点骨气吧！谁没谁不能活呀？分手就分手，自己要活得更加光彩，才不枉费吃这么多苦。男人，也有点骨气吧！不要下意识地把女人当妈，有话不敢说。为了自己的幸福，也为了对方的幸福，请拿出男人范儿来做决断。"

我们应该常常问自己：如果我真正想要的是幸福，我会怎么做？这是确保我们幸福的关键。

没有情伤是走不出去的

你可以封闭自己的心,让自己沉溺在情伤当中,再也不谈感情或是再也不相信爱情,但那是你自己的损失。外面的世界不会因为你的悲泣而变得更糟糕,你的世界却是你自己选择的。

每个人都有情伤,大部分人都能走出情伤。但是每次那种撕心裂肺的痛都让人喘不过气来,好像快要死了一样。其实,没有情伤是走不出去的,时间就是最好的药,只是那一时之痛,实在让人有点难以承受。那么,有没有快速走出情伤的奇方妙药呢?我觉得还是有的,整理出来和大家分享。

找下家！
没有人是不可替代的

相较于失去至亲的伤痛，一般的男女情伤其实是比较好走出来的。我年轻时的疗伤方式千篇一律，就是"找下家"。后来，我有过一次刻骨铭心的情伤，原以为根本无法走出来，最后悟出来一个绝招：放下他。别笑着觉得这是烂招，让我解释一下。

我们对一个人的情执，其实就是认定了此生非他不可，别人无法替代。其实，这是一个非常致命的错误想法。谁没谁不能活啊？我已年过半百，实战经验丰富，我真的可以斩钉截铁地告诉你：没有人是不可替代的。也许你找不到比他更了解你的人，也许你找不到比他更好看的人，也许你找不到比他更有男人味的人，也许你找不到比他对你更好的人，也许你找不到比他更忠诚的人，但是这些并不构成你不能失去他的绝对理由。没有他，你还是可以活得很好。所以，不要让情执绑架你，不要让错误的想法引导你，影响你真正的幸福快乐。

赶紧学会他要教你的功课

亲密伴侣其实都是来教我们功课的,尤其是那种对我们有致命吸引力的关系。你明明知道对方不合适,你不应该爱他,可就是无法摆脱这个魔咒。那么,恭喜你,他就是你最好的上师。

比方说,他靠不住,就是在教你学会独立自主;他总是情绪低落或是不太理会你,就是在教你学会在生活中自己找乐子,不要依赖他;他对你不好,就是在教你学会爱自己;他对你指手画脚,施加诸多控制,就是在教你学会尊重自己,为自己划清界限。

功课都学会了以后,你会发现你慢慢从他身上找回了自己的力量,越来越独立。这个时候,如果你觉得他仍是个不错的伴侣,那就继续;如果觉得不合适,就可以非常理智地放下他了。所以第二个绝招就是赶紧学会他要教你的功课,然后就很容易放下了。

要有走出情伤的强烈意愿

没有人可以让你痛那么久,除非你自己愿意。所以,第三个绝招就是要有走出情伤的强烈意愿。

你可以封闭自己的心,让自己沉溺在情伤当中,再也不谈感情或是再也不相信爱情，但那是你自己的损失。外面的世界不会因为你的悲泣而变得更糟糕，你的世界却是你自己选择的。天堂或地狱，有时候只在一念之间。

我可以举两个失去至亲的例子，来说明你可以做出怎样明智的选择。

我的一个朋友从小是由外婆带大的。父母都和她离得远，不亲。但是外婆对她宠爱有加，把她像小公主一样捧在手心。然而，被她视为"天"的外婆，在她18岁那年就过世了。她没有沉溺在失去依靠的伤痛里不可自拔，而是变成一个独立、自主、干练的女人，用外婆爱她的方式来爱自己（这点非常重要）。虽然我感觉她内心还是住着一个需要爱、需要认同的小女孩，但是她整个人散发出无比自信和强大的气场，具有非常正向的力量和能量。

另外一位是我认识的艺术家。他去当兵的那天，母亲送他去车站。他上车之后，试图在车外拥挤的人群中寻找亲爱的母亲的身影，却只看到了母亲的裙角和高跟鞋。

母亲回去当天，就突发心脏病过世了，于是他一生都沉溺在失去母亲的伤痛中，在亲密关系里不断重复这种"得不到爱，得到的不爱"模式，反复经历失去的痛苦。我看过他的作品，里面蕴藏着他心中最大的悲痛，所以是很有感染力的。他的失落和悲戚，也毫不犹豫地刻画在他的脸上。那种悲痛的程度，让我觉得就算他母亲死而复生，都无法弥补他内心失落的那个大黑洞。

我的这两个朋友，他们的遭遇类似，选择却不同。说到选择，其实她并没有做一个"有意识"的决定：我要从悲痛中走出来，成为一个独立自主、闪闪发光的人。他也没有做一个"有意识"的决定：我要一生沉浸在失去母亲的悲苦中不可自拔。

所以，从某一个角度来看，这好像是天注定的。但我自己的经验是，一旦你有意识了，比如说看到了这篇文章，你觉得真是太纵容自己沉溺在过去的失落当中了，因而想要走出来，那这就是个最大的动力，让你有意愿走出来。否则就会像上述艺术家，自顾自地舔舐伤口，从来没有意识到这个伤口是可以被疗愈的。

当你有了"走出情伤"的强烈意愿时，你会发现生活中会出现很多帮助你的人和事。把焦点多放在这些人和事上，同时多和那些勇敢走出情伤的人聊聊，听听他们的经验和历程，然后告诉自己：他们可以，我也可以。

最后我要说的是，那个人离开了，让你悲痛的，其实不是他，而是那些你心里积存已久的被遗弃或是不被爱的伤痛。认清这一点，并愿意为此负责，就是走出情伤的最佳捷径，前面两招都没有这一招厉害。

下篇

亲爱的孩子，
快乐是我最想
教给你的事

祝福你，亲爱的孩子

CHAPTER 6

放下心中的各种执念，不过度期望和要求

为什么我们跟孩子之间会有那么多问题，跟孩子的关系会那么紧张？

这是因为做父母的常常把两样东西放在孩子身上：

第一是恐惧；第二是匮乏，也就是自卑感。

父母过好自己的人生，孩子就没问题

把自己修炼好，孩子自然就好了。只要不把孩子当成我们的"投射板"，孩子多半就会有个快乐的童年。

把你自己修炼好，孩子就没问题了

我出去演讲的时候，常常会碰到一些忧心忡忡的家长。他们看到我的书中描述我们每个人小时候是如何被制约、被压抑，从而一生受到祸害的，因此都会问："我们应该怎样帮助孩子，才能不让他遭受那么多的创伤呢？"我的回答一般是："把你自己修炼好，孩子就没问题了！"

其实，孩子最需要的就是父母的全心接纳，仅此而已。可是，哪个父母常挂在嘴边的不是对面的柱子长得比咱们家孩子高，跑得也快；隔壁的薇薇比咱们家女儿聪明；你看你班上的王大头，每次都考100分；王叔叔的婶婶的妹妹的儿子的女儿，拿了什么什么竞赛的第一名？哪个父母不曾这样管教过自己的孩子：你看你，手这么脏还抓东西吃，一点卫生观念都没有；你看你，一点小事就哭，哪像个男孩子？

从小处在这种负向"轰炸"之下的孩子，在潜意识里都会觉得自己不够好。而"不够好"和"不配得"的情结，就是我们很多人大半辈子无法真正快乐的主因。因为我下意识地觉得自己不够好，所以容不得别人说我；因为我隐隐约约觉得自己不如其他人，所以我必须强出头，在各方面都要有所表现，这样就能安慰自己；因为我觉得自己不配得，所以很多事情我不会去争取，或是不自觉地会去破坏快到手的成功或快乐。

不要借由母亲的身份，将你的负面情绪投射在孩子身上

有一天早上，我难得跟孩子们一起用早餐（我平时早上会练瑜伽啦，不是赖床——你们看，我怕你们觉得我不够好，所以要解释）。

我注意到我和女儿已经吃了很久,我12岁的儿子还在他的房间里东摸摸西搞搞。

我那天心情不佳,意识层次较低,负面情绪较多,怎么看他都不顺眼。我催了好几次,他总算姗姗来迟,我开始很不高兴地数落他:"你看看你,动作这么慢,早上起来在楼上磨蹭那么久!我应该送你去当兵,把你训练得动作快一点!"

儿子听了我的数落,感受到我对他的不满,开始很不高兴地反驳我:"哪有慢,今天要穿制服,还要打领带,很复杂呢!"

我还是很不高兴地抱怨,喋喋不休。这时,我有了一些觉察,看到自己在试图让猫学狗叫,还振振有词地为自己辩护。

我的儿子一直是一个动作不利索的人,这是事实。不过显然,这并没有误事,我虽然没有每天都陪他们吃早餐,但是他们至少都准时赶上校车去上学了。

问题出在哪里?出在那个看不惯别人动作慢的人,也就是我——他的母亲身上。我是在利用自己的母亲身份,把自己的负面情绪投射在孩子的身上。

很多时候,我们会借"管教孩子"的名义,把自己不喜欢或是看不惯的东西发泄在孩子身上,美其名曰"对你好",却伤了孩子的心。

那天早上,我还听到我儿子大声地斥责他妹妹,让她赶快出门,语气中充满了不耐烦和怒气,惹得我又开始不高兴,感觉很毛躁,很想出言阻止他。但是，我立刻又觉察到：这是谁教他的？是谁"以身作则"地教他在不耐烦和愤怒时如何表达的？是谁让他一大早就怒气冲冲地出门的？一念之转后的那一刻，我体会到的是一个母亲的惭愧。

放下你的"故事"，不要把孩子当成"投射板"

也许你会说，孩子总有做得不对的时候，你总得教吧？当然。孩子绝对需要界限，否则他们会经常感到迷失，感觉不被爱。但是，重点在于管教时的态度。如果孩子的行为和言语没有触动你自己内在的旧伤或是情结的话，你管教他的态度就会是截然不同的，不是吗？

我以前很重视孩子的睡眠，他们九点一定要准时上床睡觉，这是我的"规矩"。因为我觉得他们睡不够就会生病，生病就会找一堆麻烦，所以每次看他们很晚还不睡，我就会抓狂。

有一次，我儿子晚上十点半跑到我房里来，说他睡不着。要是以前，我就会很生气地斥责他，要他赶快回房睡觉。

但是学了拜伦·凯蒂的"一念之转"之后，我看到了我的思想。

然后我就问自己：为什么会生气？

答：因为孩子睡不够就会生病。

问：这是真的吗？睡不够就会生病吗？

答：嗯，不一定啦。

问：当你有这种想法的时候，你是个什么样的母亲？

答：是一个忧心忡忡、有点抓狂的母亲。

问：没有这种想法的时候，你又会如何？

答：我会是一个爱孩子的心平气和的母亲。

问：所以你看，你的抓狂、生气和孩子的行为没有关系。让你生气的是你的思想，它夺走了你的平和，以及做母亲的爱心。

当我想到这些，我就能放下我的"故事"（孩子睡不够就会生病，生病就会很麻烦），而以平常心看着十点半跑来我房里的儿子。他是那么英俊，长得超像我，嘴巴嘟嘟的，因为睡不着而感到沮丧。我开心地拥他入怀，让他睡在我旁边，安慰他。过了一会儿，我柔声问他："妈妈陪你回房间睡好吗？"他已经得到了安慰，于是点点头，我就高高兴兴地送他回房间了。

所以我说了，把自己修炼好，孩子自然就好了。只要不把孩子当成我们的"投射板"，孩子多半就会有个快乐的童年。

父母最爱放在孩子身上的东西：
恐惧、匮乏

为什么我们跟孩子之间会有那么多问题，跟孩子的关系会那么紧张？这是因为做父母的常常把两样东西放在孩子身上：第一是恐惧；第二是匮乏，也就是自卑感。

为什么我们跟孩子之间会有那么多问题，跟孩子的关系会那么紧张？这是因为做父母的常常把两样东西放在孩子身上：第一是恐惧；第二是匮乏，也就是自卑感。

恐惧什么？这个世界很不安全，我害怕孩子出什么事情，我就活不下去了。

匮乏就是"孩子啊，妈妈不出色，爸爸没什么成就，所以我们一辈子的希望都在你身上了"。

我就是被这两种能量养大的。

我妈妈恐惧的东西有很多，所以对我严加控制，我年轻时的婚姻都是由她包办的。那时有人给我介绍对象，我妈妈就会说这个不要，那个不行。从结婚到离婚，她全程参与，我在她面前没有隐私。

我爸爸很匮乏，所以把很多希望都放在我身上。在我还很小的时候，他就把一双大手放在我的肩上说："女儿啊，你一定要出人头地，光宗耀祖，因为爸爸的幸福快乐都在你身上。"这对当时的我来讲，是多么大的压力啊！

如果你小时候父母给你的安全感不够的话，你会对这个世界充满恐惧，对金钱也会有匮乏的感觉。直到有一天，你可能突然发现你的父母其实一直在那里，始终在支持你、在爱你——可能是以一种你无法理解或者看不见的方式。如果你能看到这一点，那你对这个世界的恐惧、对金钱的匮乏感都会减轻。

我母亲曾经有一阵子对我很冷酷，疏远我，因为我没有按照她的希望成为一个基督徒，而去搞什么"乱七八糟"的心灵成长。有一次，在回台北的飞机上，我在那里哭，我女儿那时才7岁，她问我为什么哭，我说："妈妈真希望姥姥能以我本来的样子接受我、爱我，不要因为我不是她想象的样子就切断对我的爱，惩罚我。"我不知道女儿能不能听懂，就对她说："妈妈一定不会这样对待你，不管你以后是什么样子，妈妈都接纳你、爱你。"

我希望和儿女的关系能够像朋友一样，没有那么多的期望和牵缠。但是，由于我个人反对早恋，我很早就跟孩子们说，希望他们

18岁以后再开始谈恋爱。然而我女儿有她自己的想法,很早就谈了男朋友,常常很晚才回家,这让我觉得心里很不平衡。因为我觉得我对他们已经没有那么多的要求了,只有几个大方向的考虑,他们都不能听从,所以我非常失望。

有一次她回家,我就告诉她:"你眼里根本没有我这个妈妈,我们不要做母女了,你就当没有我这个妈妈好了。"然后就把门关上不理她。

她说:"妈妈,你为什么要这样子?"然后就哭了。

突然,我发现我完全是在用我妈妈对待我的方式对待女儿。好可怕!在那一刹那,我终于放下了,并对女儿说:"去做你想做的事情吧,妈妈永远爱你。"

放下对孩子的过度期望，
孩子才能真正成长

我们人生中出现的很多问题，其实都来源于我们的过度期望。不管是对别人还是对自己，这种期望实际上都源于我们自身的恐惧。

我们人生中出现的很多问题，其实都来源于我们的过度期望。不管是对别人还是对自己，这种期望实际上都源于我们自身的恐惧。

比方说，我家孩子小时候，我对他们管得很严，规定他们每天早上都要上厕所，而且一定要在规定的时间排便，不上厕所就不能出去玩。有一次，我们在外度假，早上我问女儿上厕所没，她说"上了啊"。我就进了厕所，发现她其实没有上，在意识到她在跟我说谎的一刹那，我很难过。

后来，我自己分析，为什么我会这么要求我的孩子们？因为我小时候常常便秘,所以我希望孩子们能从小养成定时排便的习惯,不要再受我所受过的苦。出于恐惧,我就期望孩子们能够怎么样怎么样,实际上,我是把自己受过的苦投射到孩子们身上去了。

当我发现孩子在定时上厕所这件事情上撒谎的时候,我就开始检讨我自己——在这件事上,我肯定出了什么问题,以至于孩子认为必须对我说谎才能蒙混过关,结果实际上是在把孩子往错误的方向去教育和引导。

从此以后,我就把孩子们早晨必须上厕所的这个执念放下了。我和孩子们磨合了这么多年,一直在放下心中的各种执念,到现在几乎完全能包容他们了。比如,以前我讨厌狗狗上床,但是孩子们就喜欢把狗狗弄上床,所以我一进房门,还没反应过来,狗狗就自己先跳下来,因为它们知道我不喜欢它们在床上。后来我实在管不了就不管了,但我还是坚持狗狗不能上我的床——这是我的床,我可以管,你们的床我不管。我就是这样一点一点地被孩子磨出来的,我一直在学习放下对他们的期望和要求。

CHAPTER
7

给孩子们的信

和相爱的人相处,甚至和这个世界相处,
最重要的快乐处方就是不要有期待。

没有人可以让你生气，
除非你同意

——给儿子的信（有关"情绪管理"）

我允许你们做自己，允许你们犯错，给你们最大的自由去探索自己和这个世界。

宝贝儿子：

今天，让我们来谈谈怒气管理（anger management），这是你最有资格谈的话题吧？记得你小时候，你的脾气特别不好，遇事就爱着急，常常哭闹。大了以后，你还是会常常生气，但是频率、强度、时长都比以前好很多。而且更重要的是，你每次发完脾气，比如跟爸爸妈妈吵完架，都会来道歉。

有一次，你从学校回来，站在我的书桌前面，很郁闷的样子，当时你大概10岁。我问你怎么了，你说不舒服，我说那你去睡一会儿。我继续埋头工作。过了一会儿，你又来了，迟疑地拿着一封老师写给我的信给我看。

信上说，你今天在学校和同学发生了肢体冲突，爆粗口，还踢同学的下体，要我好好跟你谈一谈。我的第一反应就是心疼你，于是我抬起头来，看着你说："宝贝，你一定好难过是不是？"当时你就哭了，不住地抽抽噎噎。我抱着你，跟你说："如果你知道自己做错了，就跟同学道歉嘛！"你说："我已经道歉了。"我安慰你："那就不要难过了。你一直有怒气管理的问题，不要太苛责自己，知道了就好。"

我的第一反应不是像其他父母那样：

自私——觉得孩子给自己丢脸了，所以会责骂孩子。

恐惧——觉得孩子现在就能做出这些流氓行为，长大了还得了？非得好好教训他一顿才行。

妈妈不是这样。我一直希望你们快乐，而不是希望你们完美，这是我对你和妹妹的爱。我允许你们做自己，允许你们犯错，给你们最大的自由去探索自己和这个世界。因为唯有如此，你们才能真正学到自己该学的功课，而不是由妈妈教导你们一些不切实际的理论。如果不是自己真正学到的功课，等到真的发生什么事情，而我不在你们身边，你们自己就无法处理和定夺了。

我还回信给老师，告诉他，我很遗憾今天发生这样的事情。我说你是个很好的孩子，非常善良、乖巧，就是脾气不太好。希望老师多给你鼓励，而不是责怪，这样你会更容易学会控制自己的脾气。

而当我面对怒气冲冲的你的时候，我也是个酷妈。当你对我大吼大叫时，我会冷静地告诉你，我不跟这样对我说话的人沟通，请你先离开。你会走开，然后回来道歉。

记得有一次我去美国看你，你求好心切，想要照顾好妈妈，却又有很多课业和学校活动的压力，再加上看不惯我在美国的一些行为，所以对我很凶。

我好声好气地跟你说话，你还是非常急躁，我回到我的中心，告诉你，你对妈妈的这种态度是不对的，然后就不理你了。

过了一会儿，你跟我道歉，说你压力真的很大。我说压力大也不需要这样，何况根本没有人给你压力，你要自己学习放松，不要什么事情都那么紧张，要求完美。妈妈也不是难以取悦的人，你不需要费心照顾我。

现在，你的脾气越来越好，能越来越快地回到自己的中心，这倒是真的。写这封信前，我特别问过你，你是怎么逐渐学会控制自己的脾气的。你说，你就是自然而然地了解到生气对事情没有帮助，对人却伤害不小，所以你慢慢就少生气了。

然后你说，我告诉过你一句话，让你很受用，那句话是："没有人可以让你生气，你要为自己的愤怒负责。"

我很为你感到骄傲，你是个有学习能力和反省能力的孩子，所以才能有这样的变化。说实在的，妈妈自己都是修了很久很久，才把脾气慢慢给修好的，不过还做不到完全不生气，你也是啊！

所以，我们母子俩互相提醒、监督吧，呵呵！

有智慧的人，
始终会给别人"第二次机会"
——给儿子的信（有关"接纳的智慧"）

不要因为对方和你的价值观不一致，就一味地去排斥对方或是拒绝靠近对方。别太快下定论、做决定，而是始终给别人"第二次机会"，或是给事情一些时间，允许其自然发展成形。

宝贝儿子：

你已经满20岁了，非常有自己的主见，妈妈注意到你有很高的道德标准。

有一次，我的一个粉丝请我吃饭，我带你一起去。饭后，你告诉我这个条件不错的男人喜欢我，可是你也很厉害地看出来妈妈对他没有兴趣。然后你说："我开始还蛮喜欢他的，直到他提到他有女朋友。"我说："为什么？是女朋友，又不是老婆。"你嘟囔着："有女朋友的话，这样做就不可以。"

于是我知道你在道德方面有很高的标准。可谁知道他和女朋友关系怎样？他和妈妈吃一次饭，受妈妈吸引，也没做什么，又有什么不可以？你的评判做得太快太急，这对你来说并不是好事。妈妈做人做事，始终会给别人第二次机会，而且不会立刻妄下断语，说这是对的，那是错的。

记得你小时候有一次在我房里鬼鬼祟祟的。我进去的时候，你慌张得不知所措。我问怎么了，你就哭了，抽噎着说对不起，你本来想偷我皮包里的钱。我没有骂你，只是温和地问你："需要钱为什么不直接跟妈妈要，而是要用偷的？"你羞愧不已，一直痛哭，说我给你的零用钱不是很够，而你想买东西。

我后来和你爸爸商量，调整了你的零用钱额度。但我最关心的倒不是你偷钱，而是你的羞愧感。我知道你是个好孩子，有良好的家庭教育，有父母做榜样，将来不会变坏的。然而这种羞愧感，妈妈可不想让它跟随你一辈子。

于是，我给你讲了好多故事：

爸爸小时候唯一一次被奶奶打，就是因为偷了奶奶的钱。可是你看，爸爸现在是个多么正直的人。

妈妈小时候家里穷。有一天，我爸爸朋友的小孩来家里玩，带着一把漂亮的宝剑。我太喜欢了，就把它偷偷藏在一个五斗柜后面，让他们找不到。不过后来，我自己也找不到那把宝剑了，白偷了。

妈妈的一个好朋友，十几岁的时候去商店里偷东西，因为实在没钱，但是又想和朋友一样穿得漂亮一点。现在，她是妈妈最好的朋友，人也非常正直，绝对不会贪图别人什么东西。

我告诉你这些，是希望你知道，人都有犯错的时候，但最重要的是知道：不要拿不属于自己的东西，而且人不能贪心。你需要钱，可以跟妈妈好好商量，妈妈会支持你，你不需要用这种让自己难过的方式。

我的原谅和接纳带给你很大的安慰，你从此对我非常信任，什么事都告诉我，我们母子之间没有秘密。

妈妈没有因为你的一次糊涂行为，就对你妄下定论，严厉地教训你，让你产生羞耻感。我相信你的善良和正直，我也关心你的心理健康，尤其是快乐。

我现在想跟你玩个游戏，让你了解一下，我们所谓的"对错好坏"有时候真的不好说。请你回答下面这两个问题。

（问题一）如果你知道一个女人怀孕了，她已经生了八个小孩，其中三个耳聋，两个是盲人，一个智力有缺陷，而这个女人自己又有梅毒，请问，你会建议她堕胎吗？

（问题二）现在要选举一名领袖，你的这一票很关键，下面是关于三个候选人的一些事实。

候选人A：他跟一些不诚实的政客有往来，而且了解星象占卜学。他有婚外情，是一个老烟枪，每天喝8～10杯马提尼。

候选人B：他有过两次被解雇的纪录，每天要睡到中午才起床，大学时吸大麻，而且每天傍晚会喝一夸脱威士忌。

候选人 C：他是一位受勋的战争英雄，素食主义者，不抽烟，只偶尔喝一点啤酒。从没有发生过婚外情。

　　请问，你会在这些候选人中选择谁？

　　妈妈先说第二题。

　　候选人 A 是美国总统富兰克林·罗斯福，候选人 B 是英国首相温斯顿·丘吉尔，候选人 C 是德国杀人魔希特勒。

　　我想问你，你是不是选择了希特勒？

　　那你会建议第一题里的那个妇女去堕胎吗？如果是，那你就杀了贝多芬，因为她是贝多芬的母亲。所以，按照你的道德标准和价值判断，你杀了贝多芬，选择了希特勒当领袖。

　　妈妈希望这个游戏能够给你一些启发。

　　你和妹妹有一次异口同声地说，希望年纪大了以后，能有妈妈的智慧。

　　妈妈要和你们分享汲取智慧的一个重要方法，那就是：使自己的心胸开阔，尝试去接纳各种不同的人、事、物。不要因为对方和你的价值观不一致，就一味地去排斥对方或是拒绝靠近对方。别太快下定论、做决定，而是始终给别人"第二次机会"，或是给事情一些时间，允许其自然发展成形。

　　心胸宽广了，成见自然不会深，更多好的、正向的事物会流向你，让你对这个世界有更大的安全感。祝福你，亲爱的孩子。

该发生的都会发生，
不会因为你的干涉而改变
——给儿子的信（有关"亲密关系的界限"）

我建议你，每次要干涉你爱的人的行为时，先回到自己的中心，看看内在被启动的是什么情绪或感受。

宝贝儿子：

每次妈妈的微信视频通话提示音响起来的时候，我就知道 95% 是你打来的。剩下的 4% 是我微信自媒体公司的总经理——如果有急事找我，1% 是你妹妹。其他人从来不会这样不经提前询问就打视频电话给我。这说明我们之间关系亲密，甚至没有界限。

很多人问我：为什么不怎么写信给女儿？为什么好像和你比较亲？其实这是你们两人的选择。妹妹的性格像爸爸，高冷内敛，以自我为中心，很少主动联络我。但是她非常爱我，这点我很清楚，她只是不那么依赖我,所以和我沟通也比较少。我发十条微信给她,她回一条,但这并不影响我对她的爱。她自己会决定要不要和我亲密,要不要接受我的指引,我无法强迫她。她是那么美丽,惹人怜爱,妈妈还是非常开心有这个女儿的。

那天,我在台北的捷运上,你打电话给我,问我环境为什么那么吵。我告诉你我在捷运上,你很着急地说:"叫你不要坐捷运,现在随意杀人的人很多,而且流感死了不少人。"你怕我不安全,我很感激你的提醒。但是,你的语气强硬而坚持,我只能温柔地守住自己的界限,不想和你争辩。

是的,我可以开车,也可以打的,但是每天那么多人都是靠捷运通行的,捷运又省钱,又环保,为什么我不能坐捷运?你可以让我注意安全,不要一直看手机,如果有人随机杀人,我可以尽早开溜。你也可以让我戴口罩,增强自己的抵抗力,免得染上流感。你没有给出这些建设性建议,只是要我保证下次不坐捷运,所以我敷衍你一下,并决定写这封信给你。

你充满恐惧,可能源于生你之前妈妈做过几次人流,那几个孩子的恐惧还留在妈妈的子宫里,被你感受到了。此外,我剖宫产把你生出来的时候,你脐带绕颈三圈,可能在妈妈肚子里你就面临着死亡的威胁,所以天生没有安全感。这些都是需要你后天去看见、去接纳、去消融的,否则你就会不断地把这些恐惧投射到你所爱的人身上,对这个世界充满戒备,这样你会很辛苦的。

你干涉我的行动是出于好意，我能明白，也承接得住。但是将来你的配偶和孩子，很可能会受到比较大的干扰和伤害。所以，再亲密的关系，也一定要有界限。

很多人对外人非常有耐心、有礼貌，可是对自己的亲人就没有那份尊重，就是因为没有设定好界限。

所以我建议你，每次要干涉你爱的人的行为时，先回到自己的中心，看看内在被启动的是什么情绪或感受。

通常有三种情况——我说的都是内在的感觉——会让你跨越界限去干扰或侵犯你爱的人：

一、有一种难以言喻的不安——出于自己内在的恐惧，怕对方出事或是不安全。

二、出于强烈的占有欲，你想控制对方的行为，以符合你自己的喜好。

三、对于你认为的对与错，你有严格的标准，而且觉得自己的标准是正确的，想要干涉甚至转变对方的行为。

这些都是亲密关系的大忌。宝贝，让妈妈一条一条帮你分析吧！

第一，妈妈说过好多次了，很多事情不是我们能掌控的。舒舒服服地把事情交给老天，我们做好自己该做的事就可以了。过分担心别人，其实是把负能量，也就是诅咒，加在你爱的人身上。结局是：

该发生的都会发生，不会因为你的干涉而有所改变。但是你和你爱的人的关系，会受到很大的影响。

我好多次都被你弄得很烦，很不舒服。你是我儿子，我年纪大了，知道该怎么应付你，但是你的爱人可能并不知道啊！如果对方是你的孩子，那你就是在残害孩子了。我在你小时候可没有这样对你，希望你不会这样虐待你的孩子。

第二，占有欲也是亲密关系的一大杀手。很多人觉得，你是我的爱人/孩子/父亲/母亲，所以你就应该怎样怎样。当我们占有欲太强时，就会认为对方的一举一动都应该照我们觉得好的方式去做：我觉得慢跑对你好，你去做瑜伽，我就会说你；我觉得你应该先工作再考研，你直接去考研就是不对的；我觉得那个对象不适合你，所以你们结婚我就不赞同。

我见过有些父母甚至以"断绝关系"来威胁自己的孩子，这是什么父母嘛！

我一向认为，每个人都要为自己犯过的错误负起责任，这样才能做好功课、得到智慧，保证下次不会再犯。所以，你从小就知道，妈妈一直是鼓励你多犯错的。

第三，过多的是非判断标准在亲密关系中也很有杀伤力。比方说戒烟戒酒这种事，你越是去干涉对方，对方的反抗心理反而越强。你只需要让对方知道你很关心他的健康，希望他可以戒掉烟酒，剩下的事情就交给老天。这样不但不伤感情，对方改变的概率也会大很多。再比方说，我觉得你应该孝顺父母，结果你做不到，那么作为亲密爱人，我可以用我的行动去孝顺我的父母或是你的父母，而不是去批判你。

如果你觉得自己坚持的东西是对的，那么让对方改变的最好方式就是先去接受他那种你觉得"不对"的行为。要心悦诚服地去接受，然后再想办法动之以情、晓之以理，这样一来，对方或许真的会在你的柔性劝说下慢慢改变的。

以上三点，就是我们侵犯对方的界限的主要原因。妈妈希望你可以看到自己的行为背后的动机，然后对症下药地去改变这些不利于亲密关系、亲子关系的行为，从而让自己更幸福。

不要去掌控别人
——给儿子的信（有关"关系"）

过度掌控他人，全是出于对这个世界的恐惧和不信任，以为自己强加干涉就会让事情呈现自己想要的结果。

宝贝儿子：

春假回来和你相处了几天，妈妈忍不住想要和你谈谈"关系"的影响。你和妈妈非常亲密，我完全能够看出日后你和女友、老婆的互动方式，你会不由自主地"延续"我和你的关系模式。因此，我忍不住想跟你说些事。

很多心理学家说过，我们每个人都会不自觉地重复自己童年的经验，尤其是和父母的互动方式。我们熟悉了这种方式，认为这就是爱和亲密，所以在亲密关系中，我们会塑造情境，重现父母当年给我们的感受，好让我们有机会去疗愈自己——即使那种感受是不好的，它也至少是我们非常熟悉的。

我看到，我们之间的问题就是妈妈太过强势能干，因此从小你就非常依赖妈妈。虽然妈妈这几年柔软了很多，在你进入青春期之前就学会了尊重你们，给你和妹妹很大空间，让你们自己做决定，但是我知道，你这辈子不太可能会和太温和、不能干的女人在一起。你跟我说，学校很多女孩喜欢你，可是你的眼光很高，现在我们都明白是什么原因了。

我想跟你说的就是，你要学会坚强，变得有力量，要让自己真正地长大。你不在妈妈身边的时候，的确像个20岁的成年人，非常负责，自己会处理很多事情。可是在妈妈面前，你总是依赖、牵缠，这可不太好。所以和你在一起时，我总是试着让你多做事，多为女性服务，学习倾听，有同理心，让对方觉得舒服。

让自己长大的最好方法，就是去承受孤独、痛苦、无助的感受。这是非常不容易的。除非到了山穷水尽、无人可以依靠的时候，否则人是不会愿意去直面自己的痛苦和无助的。

其实，我们并不需要去消除这些暂时挥之不去的感受，只需要学会在它们出现的时候看到它们，允许它们存在，然后我们还是去做自己该做的事。不否认，不害怕，不批判，不在意，在恐惧的陪伴下大步向前走，继续开心地去探索这个充满各种可能性的大千世界。

还好，你童年的创伤不是太严重。在将来的关系中，你可能会重复的模式就是一个强势配偶对你进行掌控。你不太可能会感到不被爱、不被尊重或被抛弃，因为这不是你童年的功课。

关于对配偶的掌控，妈妈想说的是，等你成熟了，真正有了男人的力量，你可以让你惯于掌控他人的配偶也回到她自己的中心，轻轻把她推回她该在的位置，不要过度反应。

另外我注意到，你常常把很多恐惧投射到妈妈身上，用言语不停地干涉我的行为（也是过度掌控）。这让我觉得很无奈，有时候也挺烦的。我不断地提醒你，希望你能够看见：过度掌控他人，全是出于对这个世界的恐惧和不信任，以为自己强加干涉就会让事情呈现自己想要的结果。

妈妈以多年的生活经验和观察结果告诉你，其实不是这样的。人算真的不如天算，如果我们成天活在恐惧和不确定性中，就会不断地想要去掌控身边的人、事、物，好让事情依照我们希望的方式发展。这样一来，不但自己过得很累，你身边的人，尤其是与你有重要关系的人，也会很烦的。

我们两个人在一起时，常常出现的场景是：你急切地想要说服我什么，或是想要做一些过度保护我的事情，而我老是不予理会，最后被你说烦了，回你一两句，要你退回你自己的位置，管好自己就好。妈妈希望日后你的女友也有妈妈这样的淡定和智慧，不会因为你的过度担心和保护，而和你一直起冲突。

我也知道，你会按照妈妈的样子去寻觅你的伴侣，所以我特别想跟你说，找对象第一就是要找心地善良的。因为如果一个强势能干的女人心地不善良，那你和她交往就有的受了。我觉得还有一个重要的点，就是她在提到别人，尤其是前任的时候，说的是什么。妈妈和所有前任都维持着不错的关系，至少不是那种老死不相往来的敌对关系，我觉得用这一点来观察人品是非常重要的。

但如果是心地太过善良，和父母牵扯不断，受父母控制极严，或是特别依赖父母的女孩，她们也会教你一些功课。她需要成长，剪断和父母的脐带，才能拥有自己的亲密关系。否则，她和父母的关系会不断地打扰你们，给你们两个人的相处造成困扰。

不过话又说回来了，妈妈其实希望你结婚前多恋爱几次，累积不同的经验，不断操练、学习，提高自己的恋爱智商，这样到你结婚的时候，你会是一个知道自己想要什么的成熟男人。

你问过我，如果我不喜欢你的女友或老婆，我会怎样。呵呵，我能怎样？我这么民主开放的妈妈，是不会无故不喜欢你选择的对象的。如果她不喜欢我，我们就自然地少往来，不让你为难。

最后，妈妈为你献上最深的祝福。你刚满 20 岁，在人生的旅途当中，请享受所有的恋爱过程。即使失恋了、心碎了，你也能从中学到功课，让自己变得更好。同时，不灰心、不气馁地继续恋爱，把爱情当成你生命中重要但不是必要的娱乐。祝福你，我的儿子。

其实，
你真的没有自己想象的那么重要
——给儿子的信（有关"坦诚"）

就算别人知道了你一些不是很光彩的事情，只要你诚实以对，在别人的脑海中，这些事情就都会一闪而过，根本不会留下痕迹。

宝贝儿子：

那次我去美国看你，我们聊得很愉快。我跟你说我想写一本关于"妈妈给儿子的信"的书，用你做主角。我以为你会断然拒绝，没想到你竟然答应了（我们不提我答应给你的10%版税吧，哈哈）。不但如此，后来我们再次见面时，你还催促我写这本书。哈哈，你真是个可爱的孩子。

我想写这本书，是因为你大了，我有很多东西想跟你分享。当你很小的时候，妈妈还是没有什么觉知的状态，很多次伤害了你，多多少少在你心里留下了阴影。现在妈妈比较有意识，你也能够理解很多道了，所以妈妈想把自己的一些人生体验分享给你。这个过程很可能会泄露一些你的隐私，不过我跟你说了，你也同意了，这让妈妈觉得非常开心。

妈妈认识太多的人，他们一天到晚对自己的一些事情遮遮掩掩，不敢让别人了解真实的自己，好像他们有多重要似的（其实，别人真的没有你想的那么在乎你）。我一直觉得，光明磊落是一种非常重要的特质和美德。那些左遮右蔽的人，其实是不敢面对真实的自己，没有内在的力量去承受自己的缺点被别人知道之后的那种不舒服的感觉，他们活得很累。

那些人其实是死要面子活受罪。他们特别在意别人怎么看他们，反而无法得到别人的尊重，因为他们没有"做自己"，而是一直在追随别人的眼光起舞。每天要花那么多能量去防御，戴上一张别人可能会喜欢的面具为人处世，只要想想就觉得很累。

作为一个算是公众人物的人，妈妈一直是非常勇敢、真实的。我发现我的读者更愿意看到一个真实的、有血有肉的、会哭会笑的作者德芬，而不是一个"开示人间，高频振动，无所不能"（这句话是我微博的一个读者的评论）的导师形象的我。我就觉得做真实的自己非常划算，因为我不费力气，不耗能量，自己舒服，别人也觉得舒服、喜欢。而如果装模作样，不但自己累，别人也未必喜欢。所以，我真的不懂为什么那么多人害怕别人知道他们的事情。

你真的没有自己想象的那么重要。就算别人知道了你一些不是很光彩的事情，只要你诚实以对，在别人的脑海中，这些事情就都会一闪而过，根本不会留下痕迹。而且，你自己过得怎么样才是最重要的，在别人心目中，你真的没有那么重要。

虽然我有时还是会有点在意别人对我的误解和恶意攻击，但是它们无法阻止我去做真实的自己——这点你像妈妈，我很开心，因为勇敢面对自己真的是成长的第一步。你也承认自己有非常幼稚的一面，但是你只在妈妈面前表露。你说过，总要有一个让你能够退化成孩子的人，因为在外面装大人很累。

但我提醒你，在妈妈面前也不要过于放纵自己，因为你和妈妈的相处模式将来会延伸到你和你的亲密伴侣那里。没有一个女人会希望她的男人在自己面前永远退化成孩子。你听进去了，但将来是否能做到，我们都不知道，妈妈会常常在旁边提醒你的。

说到坦诚，你告诉我你不会欺骗我，因为我对你是那么包容、接纳，所以我们可以说是无话不谈的好朋友。

但是你会将对诸多事物的恐惧一再投射到妈妈身上；你还会把对自己的不满意转变成对别人的批判，不断地将批判投射在妹妹身上，所以妹妹不喜欢和你说话。

我希望你能够更清楚地看到这一点，因为你对我和妹妹的态度和方式，将来都会被你不自觉地转嫁到你的亲密关系当中，妈妈可以想象你的伴侣会受到什么样的待遇。

而关于亲密关系，妈妈还有好多可以和你分享的，让我以后慢慢地、一点一点地告诉你吧！

和这个世界相处，
最重要的快乐处方就是不要有期待
——给儿子的信（有关"期待"）

我们可以有理想，有自己想要的生活，但是一旦事实出现，它就是老大，没的说。

宝贝儿子：

今天接到你从美国打来的电话，我心里很难过。你马上就要过20岁生日了，却在电话里哭得像个婴儿似的。我知道你爸爸到美国办事，你期待了很久，想要见他，见面的结果却是令你失望的……你们一见面就吵架，最后不欢而散。

妈妈理解你的痛苦，也知道你希望靠近爸爸，和他有深入的感情交流。但是妈妈也直率地告诉你，爸爸给不了你想要的东西，这是事实。你对他失望，是因为你有期待。你期待他能够善解人意，支持你、聆听你，不要开口就是那些奇奇怪怪的你不喜欢听的东西。

妈妈想跟你说的就是：长大吧，宝贝。其实，你已经不需要爸爸的情感支持了。你可以把他当朋友一样相处，放下要他爱你、支持你的需求，这样你们相处起来可能还会融洽一点。我知道，这对你来说有点困难。妈妈看到很多成年人在谈到自己的父母时，还是会退化成孩子的状态，哭诉父母的问题，这是全人类都需要去正视和改进的状况。

你从小是在比较优渥的环境下被宠爱着长大的。虽然在你10岁以前，妈妈并不是那么有觉知，也对你造成过一些伤害，但是在我们家男性抑郁、忧虑、胆怯的性格传承下，你已经算是一个心理健康、快乐无忧的年轻人了。我虽然心疼你，你和爸爸是这样的关系，但也觉得有一些这样的逆境，对你的成长是会有所帮助的。

和相爱的人相处，甚至和这个世界相处，最重要的快乐处方就是不要有期待。尤其是发现事实和我们期待的不同时，要能够看清它，并且勇敢地接受它。我们可以有理想，有自己想要的生活，但是一旦事实出现，它就是老大，没的说。

然而，有多少人愿意承认事实呢？妈妈常常检视自己，但也发现自己还是常常跟事实抗争，拒绝面对真相，因为真相常常不是我们想要的。

所以有句话就说：接受真相使人自由。是啊！只有看清楚了实际状况，愿意接受它和我们想要的可能相去甚远的事实，我们才能有一定的自由。就像你的爸爸,他虽然不是你理想中的父亲,也无法给你想要的那种支持和关爱,但他还是你的爸爸。你可以放下对他的想象和执着,接受他本来的面目和他相处。

我们做不到,是因为我们有要求、有期待,不愿意放弃。当对方给不了的时候,我们就抗争,并且愚蠢地以为我们的反对、抗争、努力会让对方改变。

妈妈现在就告诉你一个残酷的事实:我们不可能改变任何人。如果有人好像因为你的作为、你说了什么而做出改变,那也是他自己想要的、他自己愿意的,绝对不是"被你"改变的。如果他不愿意,那他永远都不会改变,就算改变了,也是暂时的、表面上的。这也是为什么那么多婚姻最后都以失败收场。刚开始,很多人会以对方期待的方式和对方相处(短暂地做出改变,以得到自己想要的东西),等到结婚以后,他们觉得大事已定,安全了,可以做自己了,便原形毕露。

亲爱的儿子,我相信你有足够的智慧和勇气去面对你和爸爸的紧张关系。智慧就是妈妈上面说的,接纳他就是这样的人——他以前不是,但是他现在变了。同时,你要看到自己在爸爸面前的退化心态——想做个小孩,让爸爸宠你、爱你。在亲密关系当中,我们退化成孩子的次数太过频繁,影响了亲密关系的品质。所以,你现在就可以拿爸爸来练习,知道他不是能够让你退化成孩子的人,在他面前,就是要以平常心对待他。

我知道，你一个人离开家在美国念书，一下子被迫成长为大人，有时候的确需要退化成孩子，让自己喘口气。那么，妈妈就是那个让你可以在其面前退化成孩子的有爱的大人。但是，你自己也要有觉知，还要有妈妈所说的勇气，去看到你不能时时刻刻在妈妈面前退化，你也要有"大人的样子"。否则，将来在你的亲密关系中，你会时时刻刻退化成孩子，那就很麻烦了。

祝福你，我的孩子。妈妈知道你在异乡念书、发展有诸多不易，妈妈始终在这里支持你、爱护你，期待你成为一个真正有爱的成年人，可以照顾自己感情上的需求，并且体会自己所爱的人的需要。当那一天来临的时候，你才算真正地长大了。

跟"好人"相处，
不代表你就会安全或幸福
——给女儿的信（有关"金钱"）

一个人非常好，并不代表他会和他爱的人在感情上联结深厚，或是让对方感到安全和受到支持。

宝贝女儿：

今天我们来谈谈金钱——你最喜欢的话题。

从小你就特别在意金钱，很会"堆积""累积"，还把自己心爱的玩具全部藏在一个柜子的角落里。有一次我还发现，你半夜睡不着，在数自己有多少铜板——典型的金牛座，呵呵！

我也曾经建议你长大以后开一家讨债公司，因为你实在太会借由各种名目跟妈妈要钱了。那么不择手段，加上极厚的脸皮，相信你的事业会很兴旺，哈哈！

在这个世界上，大家挣钱背后的动力基本上可以分为三种：

第一，出于恐惧。没有安全感，觉得在这个世界上没有钱就生存不下去，而自己很有可能面临这种窘境。

第二，出于匮乏。觉得自己没有价值，有了钱以后，大家会对你刮目相看，你就会有满足感、成就感。

第三，出于探索的需求。在这个地球上玩人生这个游戏，没有筹码有时候还真施展不开。有了钱以后，我们可以创造更多不同的体验，让自己的人生更加丰富有趣。

在这三种动力当中，当然是第三种最好。因为它不但能让你比较容易吸引金钱，而且能够保证你在得到钱以后依然非常快乐、喜悦。而受前两种动力驱动的人，即使挣到了钱，也还是会发现，自己的恐惧和匮乏感并没有因为钱多了而自然消失。

你只要看看妈妈多年的好朋友 S 阿姨就知道了，她几乎就是一个守财奴，花出去的每一分钱都让她肉疼。她那么有钱，却对自己极其刻薄，连你每次看了都会不由自主地笑出来。

妈妈觉得你应该属于另一种——你天生就喜欢钱，谈到钱、看到钱就开心。我永远记得第一次给你压岁钱，并且允许你自己保管的时候，你把钱从红包里拿出来，珍惜地去闻它的味道的样子。那时候我就知道，我的女儿这一辈子不会没钱，因为你是真心爱它。只要你真心爱一个东西，看到它就开心，你就一定会自然而然地把它吸引到你身边。

不过，根据妈妈的观察，你对金钱还是有一些不安全感。

比方说，虽然妈妈再三跟你保证妈妈的钱够你花，你可以安心去做自己喜欢的事情，但你对金钱还是有很大的不安全感，用钱非常谨慎，不过也非常务实——这点妈妈一点意见都没有，因为我就是这样的人。我从来不买名牌，从来不花冤枉钱，能够节省的时候一定节省，但是在很多方面我对我自己和我爱的人是非常大方的。尤其是有实际需求的时候，我根本不考虑成本，只考虑舒适。

你上次跟我谈到你的一些家境富裕的同学，你观察他们的用钱方式，非常不以为然。他们用钱的方式很好玩，把钱花在别人看得到的地方，对自己的其他方面却非常小气。比方说，你的同学全身名牌，开最好的跑车，可是身高一米八几、体重将近一百公斤的他，出门永远坐经济舱，即使飞越太平洋十几个小时，也舍不得坐商务舱。他们非常不注重个人享受，对于吃这件事情也很不讲究，一碗方便面就可以打发一餐。他们的钱是用来给别人看，然后满足自己的虚荣心的，而不是给自己花的。而你呢，从小嘴馋，时不时想上好吃的餐厅吃一顿大餐，也很开心于妈妈每次和你一起享受我们喜爱的美食。你买衣服的时候也是，从来不考虑过于昂贵的名牌，注重的是穿起来好不好看、舒不舒服。而也是人高马大的你，虽然很想坐商务舱飞越太平洋，但是你舍不得花那个钱，好不容易积攒够了里程数升舱一次，就能乐个半天。

妈妈的消费习惯和你的差不多，不过因为我有挣钱的能力，所以我对自己更大方。但是对于那种过于名贵的奢侈品，我这一辈子再有钱也不会去买它们。对我来说，与其花那个钱去买珠宝、衣服、鞋子，不如把钱捐给更需要的人，因为后者让我更舒服、愉悦。

你对金钱的不安全感，有一部分可能是来自和爸爸的联结。爸爸是我们每个人的靠山，如果这个靠山稳固，我们就会觉得这个世界是安全的，物质不会匮乏。你爸爸是个非常好的男人，但是他和他的父亲联结也不够（很巧的是，你爷爷也是一个非常非常好的人）。一个人非常好，并不代表他会和他爱的人在感情上联结深厚，或是让对方感到安全和受到支持。一个人非常好也不表示他会为他爱的人付出，让他爱的人感到温暖和幸福。

你对这个世界和金钱的安全感，是需要在自己心里寻找的。希望你能够看到：你爸爸虽然嘴上说不会留一毛钱给你们，虽然常常自以为是地不去顺应你们的要求，虽然在金钱方面非常小气，但是他对你们的爱和支持，是埋藏在他自己对金钱和这个物质世界的种种恐惧之下的，他为你们和这个家庭付出了许多。所以，不要因为一些表象，你就否定他对你的爱和支持。如果你有足够的智慧去看到这一点，并且对爸爸有更深的理解，与他有更深的联结，那么你对这个世界的恐惧和对金钱的不安全感就会减轻很多。

也祝愿你日后能够吸引到你想要的金钱，在地球这个游乐场里玩得更开心！

有趣的人，
会吸引有趣的关系
——给女儿的信（有关"亲密关系"）

只要让自己始终保持对生命的热忱和喜爱，你就会成为一个有趣的人。而一个有趣的人，就会吸引同样有趣的人来到自己的生命中。

宝贝女儿：

每次都是给哥哥写信，很多人在问，妹妹呢？做妈妈的没有话想跟女儿说吗？

当然有。可是你不像哥哥那样敞开心扉，跟妈妈说话总是有所保留，这是你的天性使然，我也不怪你。

不过，这个暑假你回来，我们谈了一些事情——母女之间最好谈的话题当然就是亲密关系啦！你和妈妈年轻的时候差不多，总是有男人追求，而你也是个情种，喜欢谈恋爱，不喜欢感情空窗。

我以前就告诉过你，女儿都会不自觉地寻找和自己父亲有一样特质的男人。你当时很不以为然，因为你和父亲之间不是那么亲密，你没有学会欣赏爸爸的很多特质，看到的都是不好的。

但是，当我见了你的男友，指出他和爸爸的相似之处后，你哑口无言。所幸，你的父亲是个好人，在你的童年时期，我们的家庭也算和睦、有爱，因此你创造的亲密关系都是非常好的。至少，那些男人对你都是好得没话说。

妈妈年轻的时候也是如此，可是我的第一段婚姻不堪回首。当时我迷恋那个大我 10 岁的男人，说什么都要嫁给他。婚前他就对我相当不好，可是我痴迷地认为，结婚以后成为他的老婆了，他就会改变。

妈妈希望你不要犯我这种愚蠢的错误，想要一个男人改变，是比登天还难的，所以婚前一定要看清楚。

为什么妈妈的第二次婚姻也失败了呢？你曾经问我为什么会嫁给爸爸，我说，妈妈当时已经 30 多岁了，急着生孩子，而你爸爸看起来是个很好的人，所以我们没有相处，认识三个月就结婚了。

你聪明地问，如果交往一段时间，完全了解他了，你大概就不会嫁给他了吧？我说是。但我还是觉得你爸爸是个很好的男人，只是我们之间的化学反应不够多，如果对爱情和婚姻要求不高的话，一起终老是不成问题的。

我希望你能在婚前尽量多交男朋友，多尝试不一样的男人，你才会知道：男人有哪几种，如何与不同类型的男人相处，自己究竟喜欢、适合什么样的男人。

最不靠谱的婚姻就是仅凭"感觉"的，就像我的第一次婚姻。但感觉不够好也是绝对不能结婚的，就像我的第二次婚姻。在感觉好的基础上，理性地去分析这个男人到底适不适合你，到底能不能与你愉快地成家、生儿育女，这才是王道。

妈妈在感情路上历尽沧桑，可是从来没有放弃希望。我还是一个喜欢谈恋爱的小女生，还是期盼有一个人可以与我终老。虽然现在有喜欢我的人，但敢追的没有。

从我们两个人喜欢的男人身上总结一下他们的相似之处，我就发现我们俩都喜欢孩子气的男人。上次有一个非常帅的男人追你，你和他约会了一次就再也不肯去了，因为你觉得他非常奇怪，而且无趣。

什么样的男人是无趣的呢？这点我和你的看法也一致，那就是和他说话说不通。在你这个年龄，如果碰到的男生不是一个心很敞开、能量可以流动的人的话，那千万要躲远一点。

我记得年轻的时候跟一个男人约会过，他是个标准无趣的工程师。我连和他看一场电影，都觉得空气中飘浮着沉闷的味道。电影看完之后，我就立刻找了个借口回家，再也不见他了。

而在我现在这个年龄的男人，很多是非常自恋、以自我为中心的，话题始终围着他自己打转，根本不想听你说什么。但是孩子气的男人不一样，他们通常是非常好的聆听者，有很强的共情能力。然而，如果到了一定年龄还是非常孩子气，那他们通常会有一个严重的缺点，那就是：无法掌控自己的情绪。

妈妈希望你和你的男朋友能够一起成长，但是仍然保有那颗童心。保有童心的关键点，就是要对有趣的事情抱有高度的兴趣，人生不可以无趣，所以一定要从"自己喜欢的事情"里选择未来的志向。

只要让自己始终保持对生命的热忱和喜爱，你就会成为一个有趣的人。而一个有趣的人，就会吸引同样有趣的人来到自己的生命中。

祝福你，我亲爱的女儿。

你可以不做一个好人，但要忠于你自己

——给儿子的信（有关"愧疚感"）

当你感到愧疚的时候，你可以做一些事或是说一些话去补偿对方。另外，你需要学习和自己的那份愧疚感待在一起。

宝贝儿子：

那天你和妹妹从美国回来，我下午出去办事，傍晚回到家，本以为可以和你们俩吃饭，结果刚好赶上你们都要出门去找朋友，这让我顿时有种被遗弃的感觉。虽然我可以和那种感觉在一起，可是我喜欢撒娇，对自己的孩子也不例外，所以我就故意嘟着嘴，装作很可怜的样子，说："你们两个都要抛弃我，留我一个人在家。"

妹妹根本不吃这一套，理直气壮地对我说："我们马上就要去日本玩了，到时我会好好陪你的。"

你却很愧疚，脸上满是不舍、不忍的表情，还专门过来安慰我一下，抱抱我，然后才出门。

你们都走了以后，我收到了你的微信："抱歉，妈咪，我下周会花很多时间跟你在一起。"

我故意说"养狗比养孩子好"，还唱了一首孤独的歌给你听。你显然中计了，一直发信息对我各种安慰，还说"你自己跑出去一天不在家"什么的。后来我发笑脸给你，结束了对你的操控、折磨。

我心里其实挺难过的，我知道这是你的命门，很容易就可以看出来。在所有的人际关系中，别人有时会利用你这个弱点来操控你，尤其是你的亲密伴侣。除非对方心智很健全，独立而坚强，否则你会被她玩得团团转。最后，你可能会受不了，大发雷霆，之后又觉得愧疚，然后道歉，这样无限循环，最后磨尽你们的感情。

你跟我说你讨厌比较喜欢索求的女孩，这也是因为你经不起别人索求吧！别人用你的善良来操控你，用你的软弱来满足自己，其实你是可以防范的。方法就是，当你感到愧疚的时候，你可以做一些事或是说一些话去补偿对方。另外，你需要学习和自己的那份愧疚感待在一起。

比方说，你的女友要求你过去陪伴她，但是你要准备明天的考试，所以不得不拒绝。你在说不的同时，会感觉心里有一个地方抽痛，郁闷，很不舒服。

这个时候，与其一再道歉，甚至恼羞成怒地责怪对方，不如好好地深呼吸，跟自己心里那种不舒服的感觉待在一起。告诉自己，没有关系，这是可以的。你可以忠于自己，你可以回到中心和自己在一起，你可以不做一个好人，但是要做一个忠于自己的快乐的人。

所以，你现在知道了，你内在的那种愧疚的感受，会显化成身体上的一个不舒服的点，让你觉得呼吸都有困难。它在促使你不断地去讨好，祈求原谅（其实你根本没有做错什么）。当你承受不住那种感觉的时候，就会恼羞成怒，指责对方，最后反而坏事。

你看看你妹妹，多么以自我为中心的人啊！可是她也不得罪人，处事非常圆滑，和人始终保持不远不近的距离，绝对不会受到罪恶感的操控。

你们的差别是天生的，显然她是一个比较快乐、放松的人。你看，同样一件事，妹妹心安理得，你却惴惴不安，这是你需要在自己身上下功夫的地方。

这次暑假回来，你已经满 20 岁了，妈妈觉得你真的成熟了许多，更加有责任感了，我非常欣慰。但我最希望看到的还是一个快乐无忧的你，不要让你内在的那种愧疚感控制你的行为，绑住你的手脚。祝福你。

亲爱的孩子，
快乐是我最想教给你的事
——给儿子的信（有关"快乐"）

当内在有这样大的一种渴望时，我们常常会忽略对方的一些明显的缺点而贸然前进，甚至会为了自己的需要而美化对方，看不清楚对方真正的样子。

宝贝儿子：

前一阵子，你经历了人生的第二次分手。第一次是蜻蜓点水的小恋爱，这次其实时间也不长，但你投入比较深。你跟我完整地分享了你的心路历程，妈妈很感动。

你因为转学而开始和女友分居两地，这激起了一些情绪。在讨论到底要不要继续的过程中，你发现了很多事（包括她和前男友扯不清楚），所以你非常愤怒，说了一些伤人的话，还告诉了她的家人。

气消了以后，你很快就知道自己做得不对了，立刻写了检讨书。

妈妈看你一项一项列出来自己从这次分手中得到的教训,觉得非常好玩。你真是个好学的孩子,跟妈妈一样,有着莫大的勇气,愿意从每次的痛苦打击当中承担自己的责任,并且学习该学的功课。

最后,你哀痛地问我:怎样才能走出来,忘记她?

我告诉你:除了去接受、面对,没有别的灵丹妙药。

当然,一般人的做法可能是:购物、狂欢、喝酒、结交下一个女友、旅行……其实,当伤痛最剧烈的时候,我不反对用一些无害健康和人际关系的方法去处理和面对。

但真正有效的方法,还是勇敢地去面对那种失去的痛,看看它能把你怎样。

我告诉你,妈妈在失去爱人之后,时时感到内在有一个大洞。你说你也感觉到了,自己的里面是空的。

我说,就接受这个空吧,接受这个大洞存在的事实,不要急着去填补它。注视着它,和它和平共处。

结果,你很快就走出来了。几天后,你兴奋地告诉我,你又快乐起来了。我很开心,虽然你有那么多担忧,但是总的来说,你的快乐指数挺高的。这是妈妈最关心的事情。

你有一颗那么善良、那么敏感,又为人着想的心,我始终怕你受伤,或是持续待在不快乐的情绪里,尤其我们家族似乎遗传抑郁,但我很庆幸这种情绪几乎没有在你身上延续。

如果要给孩子什么东西,我最想给的就是快乐的能力。

这一次,你也没有很快地投入另外一段关系。由于刚刚转学,你参加了新学校的很多活动,认识了很多人,愉快地继续自己的人生,年轻就是好。妈妈希望你不要和我一样,在感情上受到重创,久久不能平复,所以从小就一直给你打预防针。

可是我的忠告你好像并没有听进去,像这次这个女孩,你其实并不了解她就坠入了爱河。你自己承认很想念被人爱、被人拥抱的滋味,可谁不想呢?

在受到教训后,你应该知道,当内在有这样大的一种渴望时,我们常常会忽略对方的一些明显的缺点而贸然前进,甚至会为了自己的需要而美化对方,看不清楚对方真正的样子。

分手后,你问我对她的感觉,我说见了一次,不太喜欢。你怪我为什么不早告诉你,我笑了。我说,你自己喜欢最重要,我说的并不一定对,而且你在热恋的时候也听不进去,我说了实话,你会不开心的。也许,下一次我会诚实地跟你分享我的感受,就看你听不听了。

经过这次打击之后,你对心灵成长的东西开始感兴趣了,还说要和我一起去上课,妈妈真是开心。

我并没有从小给你们强迫灌输心灵成长的观念,而你们因为爸爸的一些言行,对心灵成长也有一些成见,我一直没有干预。

我希望你们像我一样,到了一定的年纪,真正产生兴趣了再去研究。这个时候,你们所学所想都是为了自己,有一个特定的需求和目的,才会有效果。

看来这个时候已经到来了。儿子,让我牵着你的手,走上这条认识自己的道路,弄清楚人生到底是怎么回事——在你还这么年轻的时候,真棒!

新 增 篇

爱 情 是 一 场 骗 局 吗 ？

有情趣、有格调的女人，
都会做这三件事

> 完全不吃醋的女人其实不够可爱，会吃点小醋，不伤感情地作作闹闹，才能制造生活情趣，让你的爱情永葆新鲜！

有一个闺密跟我说，她深切体会到，女人不作，男人不爱。

没有一个男人是被女人作跑的，最后他们离开的原因更多的是女人在"作"的过程中，对男人失去了尊重，没有底线，而且不懂得珍惜。

在亲密关系中适当地"作"，可以增加情趣，那种高密度的情绪能量，会让一个男人觉得充满挑战性，为平淡无趣的日常生活增添了色彩。

高段位的"作"是怎样的

聪明的女人,永远知道如何在亲密关系中适当地"作"。

关系的定律就是付出得愈多,爱就愈多,就愈难放下。

就像小时候,奶奶爷爷或是姥姥姥爷,哪一方带你时间长、付出得多,就更爱你,和你更亲近——所有的关系都是如此。

然而在亲密关系中,很多时候,日子久了,大家习以为常,只应付生活中大大小小琐碎的事情去了,没有太多感情的交流、情绪的激荡(但吵架并不是一种好方式)。所以,增添情趣就特别重要。

你需要适当地"作",让男人持续关注你,激发他各种情绪,让他付出更多的感情。

我心目中的"适当地'作'",就是适当地赖皮撒娇、嘟嘴生气,让你的男人对你捉摸不定,不知道今天回家会面对一个什么样的女人。

我有一个女友,她年纪挺大了,最近接受了一个比她小很多岁的男人的追求。她是个阅历丰富的女人,永远懂得适当地"作"。

有一天晚上,和男人打电话,她突然发脾气,骂了男人几句就挂了电话。第二天,当他们例行通话的时候,她又温柔地说自己昨天累了,跟男人道歉。

其实她骂的那些话是平常就想说的,只是趁着发脾气一吐为快。

还好这个男人不是玻璃心，能包容她，也同意她所说的。

道完歉，她又开始"作"，说自己年纪大，他却那么年轻，条件又好，两个人不可能长长久久，自己凭什么得到这么好的男人，说着说着就哭了起来，男人立刻护着她、宠着她、安慰她。

你看，在这个过程当中，男人不断地对她倾注心力、感情、注意力，激活了自己很多不同层面的细胞。

第三天，女人状态好，就开始拼命地夸男人，把这个男人捧上了天，简直是没有缺点的完美伴侣，又有智慧，反应又快，知错能改，一直上进……又温柔地给了他一些做人做事的建议。

男人被这个女人如此欣赏、看重，又脑洞大开地去理解她说的人生智慧，你要这个男人如何不爱她？

情感的激荡、交流会源源不绝地让这份感情历久弥新。这就是高段位的"作"功。

男人就是需要你这样间歇地满足他的自尊心，有时要合理地打压他一下，有时又要像小女人一样温柔、娇气地求关注和爱。

在这个过程当中，你一定要真实，忠于自己内心的感受，生气就生气，抱歉就抱歉，不配得就不配得，欣赏就欣赏。

完全敞开，让他承接你澎湃、丰富的情绪和感情，使他目不暇接，根本没有时间和精力再去外面撩别的女人。

如果你说"我不是这种人"，那没有问题，命中注定亲密关系很好，也可以不花心思和精力去维护、滋养它，就按照两个人目前的相处方式过一生。

如果你是亲密关系不好的女人,受过伤,吃过苦,那我建议你,就像"天下没有丑女人,只有懒女人"一样,花点心思学习建立、维护良好的亲密关系。否则最终你会非常挫败,很难再处好关系。

三个方法,学会"适当地'作'"

接下来,我要和大家分享如何培养自己"适当地'作'"的能力。

第一,一个会适当地"作"的有情趣的女人,她自己的人生一定是丰富有趣的,而丰富有趣最重要的一点是能够和自己玩得 high(高兴)。

喜欢一样东西,完全沉浸其中,并且得到无比的乐趣时的样子是最迷人的。

女人不能把全部精力放在男人身上,相夫教子、贤惠持家没有错,但是不能失去自我。

你有没有自己的兴趣喜好?有没有自己的朋友圈?男友或老公如果出差几个月,你是否可以照样精彩快乐地过自己的日子?

第二,一定要不断地长知识和见识。

多读书,多自省,探讨不同的话题,总之,要让自己有一定的知识积累，对某些领域有专精一点的理解和见识。

这样的女人不但自信，惹人喜爱，"作"起来也更有底气，哈哈！

第三，做一个情绪流动、自在的女人。这种女人是最让人喜欢的。

个人成长领域是最好的探索之地。在这里，你可以了解原生家庭给自己造成的痛苦和创伤，释放、疗愈那些被压抑的情绪，不在亲密关系中让对方为你的情绪埋单。

在亲密关系当中，如果你可以适当地为自己的状态、情绪命名，提前告诉对方你的某种情感模式又习惯性发作了，这样对方就知道应该如何应对了。

比方说，不配得情结发作了，你觉得自己不配拥有这么好的生活，你就诚实地面对此时的情绪，然后说："我觉得不配得，我凭什么……"如果想哭就哭出来，想打枕头就去打，不要压抑情绪。

在亲密关系中，诚实地面对自己的情绪的人最可爱，而且不会被这种情绪驱使，从而做出不理性、不利于双方的"补偿性行为"。

举例来说，当我们觉得不配得的时候，很可能就会为了一点小事大大地吃醋，怀疑对方爱上别人了或要离开自己了。与其去偷看对方的手机，追问对方的行踪，强迫对方给出承诺，还不如诚实地说：我有不配得的感受，我担心会失去你。

直面自己的情绪，对方能够理解你，你自己也能够看到，这只是你的惯性模式而已，它不是真的。

记得，情绪发作的时候，适当地"作"就是让对方知道你的感受，但是不要责怪他。

男人最经不起责怪，原本他们承受负面情绪的能力就比较弱，如果你情绪强烈，又把事情全部推到他头上，这种"作"就不具备美感，不是适当的"作"。

我们可以流泪，可以发脾气，但是嘴上不要责怪对方。让自己成为一个"在'作'的时候都无比可爱"的女人，这是重点。

完全不吃醋的女人其实不够可爱，会吃点小醋，不伤感情地作作闹闹，才能制造生活情趣，让你的爱情永葆新鲜！

为什么有些女人偏偏喜欢已婚男

只要你真爱自己,那么你的心就是饱满的、充实的,无论有没有另外一个人出现来爱你、陪伴你,你都是圆满的。

杰出的男人总是免不了桃花连连,出轨也屡屡有之。

我见过一个女孩,她本身的条件好得没话说——长相甜美,身材窈窕,口齿伶俐,在职场上也是厉害角色,绝非等闲之辈。条件这么好的女孩,为什么会成为人家鄙视、讨厌的小三?

第一,年少得志的她,一点都没把"小三""原配"这种对比放在心里,并且不尊重婚姻。事发之后,她照样面带笑容地该干吗干吗,还在自己的社交平台上发文讽刺原配。显然,这个精明能干的女孩被爱情冲昏了头,丧失了道德观念,更是单纯地以为男人会选择"爱情"而不要江山。

当众人替这样优秀的女孩感到惋惜或鄙视她的时候,她丝毫不觉得自己的行为是偏离正轨的,价值观歪斜得严重。

她完全不知道,自己人生中最痛苦的黑暗期即将来临,她的工作、男人的工作都会受到极大的影响,而她所谓的"爱情"当然会在这片硝烟中蒸发。就像我之前的文章中说的,傲慢造成的无知是相当可怕的。可见得,"少年得志大不幸"这句话说得不假,过于自信的狂傲,只会带来灾祸。

第二,优秀的女人介入别人的家庭是有心理驱动力的——也许并不适用于解释上面这个女孩的行为,不过我们还是来了解一下。

我认识的志芬也是个非常优秀的女人,学历、经历、事业、身材、脸蛋、智商都很优秀,但是她屡屡介入其他人的婚姻。志芬自己也承认:对无人问津的男人,她就是没兴趣。

有一次志芬爱上了一个名女人的老公,论条件,男人真的乏善可陈,最奇怪的是,男人白天和她热情如火地约完会,晚上回家在朋友圈就成了晒妻狂魔,也不屏蔽她。

志芬气不过,屡屡跟闺密哭诉。一个比较耿直的闺密就笑话她:"你看上的不是他,而是他老婆!"

这句话却真的打动了志芬,她承认,每每看到他那名人老婆在各大媒体上的嘚瑟样她就来气,睡了她的老公还真解气。这就是女人的竞争心理。

这种心理最早可以追溯到和妈妈争夺爸爸，这是在能量上的一种争夺战。

很多小女孩都崇拜爸爸，想要嫁给爸爸。随着成熟、长大，在父母比较明智的引导下，大部分女孩会摆脱这种幼稚的"恋父"情结。但还是有一些女孩被困在了那场永远打不赢的战争中，最后只好去抢别人的老公，来完成儿时的心愿。

志芬曾经爱上另外一个有妇之夫，对方认真了，离开发妻搬到她家住，她立马开始嫌弃他、鄙视他。

她就是被困在那场幼时的战场中无法逃脱的小女孩。除非她愿意去正视自己儿时的经历，感受那个时候不愿意碰触的感受（我输了，他爱的是别人不是我，或是爱我但受制于另一个坏女人），明智地看到自己的上瘾行为的缺陷，愿意去改变，否则她会一直陷在这个怪圈里面，无法自拔。

第三种可能的原因，也是来自原生家庭——小时候不受关注，没有得到应有的温暖和爱，父母总不在，自己一个人感到孤独、不被爱。

这种感受成了上瘾的习惯，所以在寻找爱情的时候，她们不自觉地会去找"不能随时随地供给爱"的人。

而已婚的男人是最符合这个条件的。哪怕他再为你痴迷，也总是要穿好衣服离开你，有一段时间连通电话都是困难的，每次见面都那么不容易。这些完全符合你的信念——我是不值得被爱的，没有人会关注我,总是在那里陪着我,"为我而在"(available to me)。

一旦对这种感受上瘾,那么介入他人家庭就是时常会发生的事情了。破解之道就是学习和这种感受相处。

如果在生活中,你的朋友、同事、家人让你有这样的感受,而你又开始自怜了,你就一定要提醒自己:停!这种感受是假的!!!它是你的头脑制造出来的诡计,为的是让你感受到那种不被爱、不受关注的情绪。

请你坦然接受这样的情绪,并且知道,此刻的你已经长大,资源丰富,行动自由,你完全不必让自己沉浸在情绪当中做个无力的受害者,你可以站起来,出去交朋友、找乐子,学会一个人优雅自得地生活。

一旦你坦然接受这种情绪,并且拒绝被它继续控制,这个孤单、得不到的魔咒就会被解除。

你不必再去找"总是不在"(unavailable)的男人了,而是可以有自己的一片天,并且独享一个好男人。

最后,让优秀女人甘冒大不韪爱上的已婚男人,当然有可能是所谓的"真爱"。古诗"还君明珠双泪垂,恨不相逢未嫁时"说的就是这种情境。

在古代,离婚几乎不可能,很多真爱从此擦肩而过,或是为家人、为工作,甚至为时代而牺牲。

我承认此生也许会有一个与你特别投缘的人,但究竟是不是真爱是需要经过时间考验的。

我看过好多个案例，一对男女爱得死去活来，但是双方都有家庭，好不容易都离了，总算克服万难在一起了，却完全无法忍受对方，甚至有想要杀死对方的冲动。

真爱无价，付出代价，牺牲一切，未必能得到真爱。在我们这一世的生命中，真爱到底存在不存在，也要打个问号。

但有一件事是肯定的——只要你真爱自己，那么你的心就是饱满的、充实的，无论有没有另外一个人出现来爱你、陪伴你，你都是圆满的。

爱自己的方法我说过很多次了，在此再总结一下：

1.爱自己对很多人来说很抽象，我们可以说爱我们的"内在的小孩"就是爱自己的方法，但是"内在的小孩"也很抽象，不如用身体来代表它。我们的身体储存了很多记忆，承受了很多情绪能量。

我们的身体永远是我们最好的朋友，忠心耿耿地日夜陪伴着我们，服侍我们。没有它，我们什么也做不了。它要闹情绪，我们都不好过。

所以我们要学会时时和它联结，感受它的存在，善待它，这就是爱自己的一个最简单、最基本的方法。

2.爱自己意味着你能看到自己的内在有个声音，时时刻刻在分辨、批评、论断你和他人的言行。

它说得太过分的时候，你一定要挺身而出，捍卫自己内在的小孩。这个其实并不难，只是需要练习。

如果我们在小时候，父母就教给我们这种"向内看——倾听，然后爱自己、维护自己"的技巧，那么我们每一个人都将会是快乐、圆满的存在。

3.我们必须知道如何取悦自己——知道自己要什么、喜欢什么、不要什么、讨厌什么，并且做自己最好的盟友，时时刻刻让自己舒心愉悦。

如果我们都能回到自己的中心，清楚自己的好恶，并且能够温柔地守住自己的界限，那么我们自然会是一个受欢迎的人。

就像银行实际上只贷款给有钱人一样，真爱、敬重、真正的友谊，也只会降临在那些真正爱自己的人身上。

如果大家都能够回头看自己、爱自己，看清自己内在的运作模式，树立最有利于我们和他人的想法和观念，改善自己的不良观念和惯性情绪，那么这个世界将会安宁很多。

最完美的婚姻，
始于爱情，陷于陪伴，终于亲情和友情

浪漫爱情都不会持久，我们必须将其转化成可以持久的感情，不浓不腻，相互尊重，给彼此保留空间。

最美的爱情，
却不能拥有

10多年前，我在新加坡一家国际大公司担任高管，得了抑郁症，决定不工作了，开始学习各种个人成长的课程。

当时我去上NLP（神经语言程序学），在课堂上认识了一个老外。他高大英俊，幽默风趣，善良真诚，又具有童心，非常吸引我。

我其实在通往上课地点的船上就看到他了。过海关的时候，他

回头冲我一笑,又引起了我的注意。他穿着亚麻白衬衫、牛仔裤,穿休闲鞋不穿袜子,这是我最喜欢的男人的打扮。

于是,我们对彼此有了好感,但是因为两个人都有家庭,始终没有突破界限。

克制了几个月后,我们举家搬离新加坡回了北京,我心碎了,因此大病了一场。我们说好不再联络,可是我时常想到他,久久不能自已。

我觉得那是爱情,最美的爱情,我却不能拥有,一想到此就黯然神伤,觉得错过了此生的最爱。

几年后,我去参加一个在新加坡举办的成长课程,他刚好也报名了,于是上课的那几天,我们天天混在一起,同进同出。

然而,有什么东西变了,我也说不出来,反正以前美好的印象不存在了。虽然他的穿着、打扮、长相还是跟以前一样,但是我看到了他愤世嫉俗、无趣的那一面,一点也不吸引人,和当年在课堂上一开口就能让全班笑歪的那个人完全不一样。

于是我感觉幻梦破灭了,就此不再跟他联系。

最近我在微博上写了一句话:"人的生理和心理的欲望就像水,而爱情就是它折射出来的彩虹,美到极致,但虚幻至极。"

那么爱情是一场骗局吗?从某个角度来说,的确是的。

用爱情取悦自己

有些人会在关系里面"加戏",谈一场轰轰烈烈的恋爱,而实际的剧情可能并没有我们想象的那么精彩。

我真的看过这种案例。对方在遥远的地方,每天写一封邮件给她,她就不可自抑地爱上了他。但是双方都有家,不能发展,所以只能将爱藏在心里。两个人连面都见不到,连手都没牵过。最后这个女孩重度抑郁,差点住院治疗。

这就是我们自己用梦幻式的爱情来填补内心的失落、缺憾的一个例子,对方是谁不重要,我们只是自己想要飞蛾扑火般地经历所谓的"爱情"。

我见过很多对爱情有执念的"中年少女",我自己也曾经是,直到幻梦破灭。我女儿可能继承了我的这一点,从上大学开始就一直泡在爱情里面,对方是谁,是否上进,家世、人品怎么样,是否有责任心都不重要,只要给她"独一无二的爱的感觉",就可以了。

那种爱的感觉其实是极其自恋的,对方是我们拿来取悦自己的一面镜子,不断地反射回来我们的美丽、优雅、有趣、高尚、慧黠,让我们觉得自己是世界上独一无二的女人——至少在对方的眼中如此,这就是爱情的迷人之处。

在我女儿这个年纪,和她同龄的男孩或许可以给她提供这种真诚的"感觉体验",但年过30的女人如果还是向往这种所谓的"爱情",

那碰上渣男被欺骗的概率就非常高了。

我没有阻止我女儿谈恋爱，我心里明白，有些路、有些事是必须自己走过、经历过才能明白的。对爱情那么执着的人，不被重重地伤害一次，是不会明白它的虚幻的。

当然，我并不是一个对爱情悲观甚至绝望的人，但我知道娇宠、浪漫的风花雪月是持续不了太久的。

爱情，很脆弱

很多人说，爱情就是宠爱，他们一辈子都在追求那种被宠爱的感觉。

然而很多所谓长久的爱情，最后展现出来的，有的是宠爱、忍让，有的是朋友般的平等相处，面貌各不相同。

他们找到了一个"平衡点"，让爱情持续下去，但这和我们说的那种浪漫爱情是不一样的。

浪漫爱情都不会持久，我们必须将其转化成可以持久的感情，不浓不腻，相互尊重，给彼此保留空间。

我认识一对很有趣的丁克族，他们没结婚，但同居多年。

两个人都不爱出门，喜欢待在家里各干各的事。出门散步或出去玩的时候，会手牵着手。

别人觉得他们很浪漫，表示很羡慕，其实他们的感情平淡如水，对彼此没有期待，也没有什么甜言蜜语（浪漫爱情的必备条件），相伴生活，如此而已。

所以，婚姻是以爱情为开始的——如果幸运的话（很多婚姻一开始就没有爱情），有善终则一定是因为两个人之间有浓厚的亲情，更重要的是友情。而且，两个人个性稳定，生活的目标也始终一致，才有可能和谐快乐地白头到老。

我还认识一对丁克族，他们同居了20多年，以为就这样一辈子了。可是男的50多岁提早退休以后，想要拥有不同的生活。

他的女人像一只猫，比较安静、稳定，他在职场上叱咤风云，回家就需要这样一股稳定的力量让他好好休息。

但是当他退休了，开始思索下半生想要的东西了，便觉得现在平淡的二人世界已经不能满足他的需求。猫一样的女人太过"佛系"，没有活力，对什么都没有热情，对人生的态度也比较悲观。

他碰到了一个以前的同学，她热情洋溢，天天健身，经常旅游，对世界和生活充满激情，于是他心动了。

他犹豫了很久，不想伤害伴侣，但实在经不起内心的渴望和诱惑，于是他诚实地告诉伴侣他对另外一个人的心仪，想要去探索那个人。我们可以说，他现在需要的是"狗"的陪伴，而不是"猫"的陪伴。

伴侣当然很受伤，决意离开，20多年的感情就这样付诸流水。一方的需要变了，另外一方不能满足新的需要，而人生苦短，岂能蹉跎？

我虽然是被抛弃方的朋友,但是也能理解男方的立场。我认为男方虽然自私,但至少没有欺骗、隐瞒,对自己的行为也承担了责任,并不能被列入渣男行列。

然而这也证明了爱情的脆弱,即使两个人后来发展到就像朋友、亲人,一旦需求改变,一方不能满足另一方所需,变化也还是会发生的。

爱情,太不确定

爱情还有一个危险性,就是对方可能会突然离开这个世界,非自愿地离开你。

我认识一对夫妻,两个人那真是兴趣相投、性格相配,天天窝在家里一起做手工艺术品。

我去买他们的东西,大哥看到我来,总是招呼我喝水什么的,然后就安静地坐在那里做工,大姐则比较能说话。

我每次看到他们的默契都很羡慕,觉得这两个人应该是会相安无事地终老的。

后来他们赚了很多钱,以为可以颐养天年了,但有一天大哥胸口疼痛去急诊,就没能再出院,两个月后就走了。

这个消息来得太突然,任谁也没有心理准备。大姐更是悲痛不已,她没想到这么快就失去了他。

所以,即使我们很幸运地有一个知心的伴侣,也不要松懈地认为爱情会是天长地久、一辈子的事情。

最后给大家提出一些比较务实的建议,希望有帮助。

1. 看清楚自己是不是"情执一族",要面对并承认事实,让自我成长。

尽量少在亲密关系上刷存在感,不要把快乐的源头、生存的意义过多地放在感情上,争取多开发自己的"一手幸福"。

2. 随着岁月的推进,你的另一半对你的需求可能会有变化,你无法掌控,只能让自己活得精彩快活,让自己有趣、有吸引力,与时俱进,这就是你可以握在手中的筹码。

尤其是没结婚、没有小孩的伴侣,筹码本来就比较少,一定要充实自己,让自己始终看起来精神、利落、好看。

3. 多结交一些知心的好闺密,她们在关键时刻真的是最重要,也是最靠谱的陪伴。

4. 培养自己的兴趣,最好是进入一个群体,比如说登山团体、合唱团体、跳舞团体、读书团体、成长团体,大家一同享受喜欢的事物。

参加一个大家兴趣相投的团体的话,重心就不会完全放在家里的那个人身上。在必要的时候,这个团体会给我们很多精神上的支持和实质的帮助。